Schriftenreihe aus dem Institut für Strömungsmechanik

Herausgeber
J. Fröhlich, R. Mailach, S. Odenbach

Institut für Strömungsmechanik
Technische Universität Dresden
D-01062 Dresden

Band 16

Stefan Günther

Untersuchung von Tiefenfiltrationsprozessen an einer Labortomographieanlage

TUD*press*
2016

Die vorliegende Arbeit wurde am 21. Juli 2015 an der Fakultät Maschinenwesen der Technischen Universität Dresden als Dissertation eingereicht und am 09. Dezember 2015 erfolgreich verteidigt.

This work was submitted as a PhD thesis to the Faculty of Mechanical Science and Engineering of TU Dresden on 21 July 2015 and successfully defended on 09 December 2015.

Gutachter | Reviewers
Prof. Dr. rer. nat. habil. S. Odenbach
Prof. Dr.-Ing. J. Thöming

Bibliografische Information der Deutschen Nationalbibliothek
Die Deutsche Nationalbibliothek verzeichnet diese Publikation in der Deutschen Nationalbibliografie; detaillierte bibliografische Daten sind im Internet über http://dnb.d-nb.de abrufbar.

Bibliographic information published by the Deutsche Nationalbibliothek
The Deutsche Nationalbibliothek lists this publication in the Deutsche Nationalbibliografie; detailed bibliographic data are available in the Internet at http://dnb.d-nb.de.

ISBN 978-3-95908-047-7

Eckhard Richter & Co. OHG
Bergstr. 70 | D-01069 Dresden
Tel.: 0351/47 96 97 20 | Fax: 0351/47 96 08 19
http://www.tudpress.de

TUDpress ist ein Imprint von w. e. b.

Gesetzt vom Autor. | Typeset by the author.
Printed in Germany.

TECHNISCHE UNIVERSITÄT DRESDEN

Fakultät Maschinenwesen Professur für Magnetofluiddynamik, Mess- und Automatisierungstechnik

Untersuchung von Tiefenfiltrationsprozessen an einer Labortomographieanlage

D i s s e r t a t i o n s s c h r i f t

zur Erlangung des akademischen Grades
Doktor-Ingenieur (Dr.-Ing.)
vorgelegt
der Fakultät Maschinenwesen
der
TECHNISCHEN UNIVERSITÄT DRESDEN

von

Dipl.-Ing. Stefan Günther
Geb. am 10.07.1979 in Dresden

Erster Gutachter:	Prof. Dr. rer. nat. habil. S. Odenbach
Zweiter Gutachter:	Prof. Dr.-Ing. J. Thöming
Betreuender Hochschullehrer:	Prof. Dr. rer. nat. habil. S. Odenbach

Tag der Einreichung: 21.07.2015

Tag der mündlichen Prüfung: 09.12.2015

MEASURING AND AUTOMATION TECHNOLOGY
MAGNETOFLUIDDYNAMICS

„Nur wer seinen eigenen Weg geht, kann von niemandem überholt werden."

Marlon Brando

Danksagung

Vorab möchte ich die Gelegenheit wahrnehmen, all denjenigen zu danken, die mich direkt oder indirekt bei dem Erstellen dieser Arbeit unterstützt haben. Ein besonderer Dank richtet sich diesbezüglich an meinen Doktorvater Herrn Prof. Odenbach, der mich nach dem Wechsel aus der Industrie in das wissenschaftliche und universitäre Arbeitsumfeld angeleitet hat, mir gleichzeitig aber auch Freiräume ließ, eigene Lösungsansätze zu verfolgen und spezielle Aspekte der Ausgabenstellung herauszustellen. Außerdem danke ich Herrn Prof. Thöming vielmals für die Übernahme des Koreferats.

Des Weiteren möchte ich hervorheben, dass ich es als einen besonderen Glücksfall empfinde, wie sich die interdisziplinäre Zusammenarbeit im Rahmen des Graduiertenkollegs gestaltet hat. Trotz der räumlichen Entfernung ist hier sehr schnell eine herzliche und konstruktive Atmosphäre entstanden, aus der heraus ohne äußeren Druck gemeinsame Teilprojekte sowie Freundschaften entstanden sind. Ähnliches gilt für die Zusammenarbeit mit Kollegen und Studenten an der Professur für Magnetofluiddynamik, Mess- und Automatisierungstechnik, die mir häufig mit kleinen Scherzen den Arbeitsalltag verschönert haben.

Mit der digitalen Bildverarbeitung und dem damit verbundenen Programmieren hat sich für mich ein neues Betätigungsfeld erschlossen, welches mir große Freude bereitet. In diesem Zusammenhang ist mir wieder bewusst geworden, wie viele idealistische Softwareentwickler der Community kostenfrei und quelloffen zum Teil außerordentlich leistungsfähige Bibliotheken und Programme zur Verfügung stellen, die speziell im wissenschaftlichen Bereich viele Problemlösungen überhaupt erst möglich machen. An dieser Stelle möchte ich diesen Menschen meinen Dank aussprechen. Nicht zuletzt danke ich meinen Eltern und meiner lieben Freundin Claudia für die moralische Unterstützung und das entgegengebrachte Verständnis dafür, dass ich mich insbesondere in der schwierigen Phase des Schreibens an etlichen Abenden und Wochenenden dem gemeinsamen Familien- und Beziehungsleben entzogen habe.

Inhaltsverzeichnis

Symbolverzeichnis

Lateinische Buchstaben

Formelzeichen	**Einheit**	**Benennung**
A	mm^2	Querschnittsfläche des Filters
A_O	mm^2	Oberfläche
a	px	horizontale Koordinate des virtuellen Detektors
a	µm	Auflösung
a	-	Fitparameter
a	-	relative Elektronenanzahl
B	mm	Breite
B	-	Wert im Binärbild
b	px	vertikale Koordinate des virtuellen Detektors
b	-	Fitparameter
C	-	Konzentration im Filter
c	-	Konzentration in der Flüssigkeit
D	mm^2/s	Diffusionskonstante
D	-	Wert im Dilatationsbild
d	mm	Durchmesser
E	keV	(Photonen-) Energie
E	-	Wert im Kantenbild
eth	-	Kantenschwellwert
F	-	Fouriertransformierte der Funktion f
f	lp/mm	Frequenz
f	-	Funktionswert, allgemein
G	-	Grauwert im Originalbild

Formelzeichen	**Einheit**	**Benennung**
G	-	Wichtungsfunktion im Frequenzraum
g	-	Wichtungsfunktion im Ortsraum
GW	-	mittlerer Grauwert der Kalibriermessung
H	-	Filtermatrix
H	mm	Höhe
h	-	gefilterte Projektion
I	-	Intensität
K	-	Kontrast
K	-	Korrekturfaktor
k_S	s^{-1}	Sättigungskonstante
k_0	-	Tortuosität
l	mm	Geometriegröße
M	-	Vergrößerung
m	kg	Masse
m	-	Schwächung monochromatischer Strahlung
N	-	Anzahl, gesamt
N_I	-	Sperreffektkennzahl
N_S	-	Sedimentationskennzahl
n	-	empirischer Fitparameter
n	-	Elektronenanzahl pro mol
P	-	1D-Fouriertransformierte der Projektion p
p	-	Projektion
p	µm	Pixelpitch
p	Pa	Druck
Pe	-	PÉCLET-Zahl
q	lp/mm	Polarkoordinate im Frequenzraum
q_k	-	Wichtungsfaktor

Formelzeichen	**Einheit**	**Benennung**
Q_0	-	anzahlbezogene Summenverteilung
q_0	1/µm	anzahlbezogene Dichteverteilung
R	-	Verhältnis der Spannungsdifferenzen
r	mm o. px	Radius
S	-	Sobel-Opperator
S	-	Strahlungsquelle
s	mm	1-D-Wegkoordinate des Strahls
S_V	mm^2/mm^3	spezifische Oberfläche
SD	mm	Abstand zwischen Quelle und Detektor
SM	mm	Abstand zwischen Quelle und Mittenachse
SO	mm	Abstand zwischen Quelle und Objekt
SP	mm	Abstand zwischen Quelle und Ebene
St	-	STOKES-Zahl
t	s	Zeit
t	mm	Materialdicke
th	-	Schwellwert
tol	-	Grauwert-Toleranz
U	-	unbehandelte Bildpunkte
U	px	Geometriegröße bei Rekonstruktion
u	lp/mm	Koordinate im Fourierraum
U_B	kV	Beschleunigungsspannung
V	mm^3	Volumen
v	lp/mm	Koordinate im Fourierraum
v_F	m/h	Filtrationsgeschwindigkeit
w_k	px	Abstand zum Bildpunkt *k*
w_{rel}	-	relativer Wandabstand
x	mm	Raumkoordinate

Formelzeichen	Einheit	Benennung
x	-	empirischer Exponent
y	mm	Raumkoordinate
Z	-	Ordnungszahl
z	mm	Raumkoordinate

Griechische Buchstaben

Formelzeichen	Einheit	Benennung
α	°	Geometriegröße
β	°	Geometriegröße
γ	°	Polarkoordinate im Frequenzraum
γ	°	Projektionswinkel bei Parallelstrahlgeometrie
δ	-	Abklingkonstante
δ	µm	Abstand zwischen Kollektor und Partikel
ε	-	Cutoff-Frequenz
ε	-	Porosität
ζ	mm	Detektorkoordinate bei Fächerstrahlgeometrie
η	Pas	dynamische Viskosität
η	-	Fraktionsabscheidegrad
η_H	-	Haftwahrscheinlichkeit
η_T	-	Antransportwahrscheinlichkeit
θ	°	Projektionswinkel bei Fächer- und Kegelstrahlgeometrie
κ	°	Geometriegröße
λ	m	Wellenlänge
λ	1/mm	Filterkoeffizient
μ	1/mm	linearer Schwächungskoeffizient
ν	°	Geometriegröße

Formelzeichen	**Einheit**	**Benennung**
ρ	g/cm^3	Dichte
ξ	mm	Detektorkoordinate bei Parallelstrahlgeometrie
σ	(hier) -	Standardabweichung
τ	-	Wichtungsexponent
υ	°	Geometriegröße
χ	°	Geometriegröße
Ψ	-	Sphärizität
ψ	°	Öffnungswinkel des Strahlenfächers

Deutsche Buchstaben

Formelzeichen	**Einheit**	**Benennung**
$\mathfrak{F}$	-	Fourier-Operator
$\mathfrak{R}$	-	Radon-Operator

Indizes

Index	**Benennung**
äqu	äquivalent
BZ	aus Bildzerlegung
D	Detektor
eff	effektiv
FB	Filterbett
FFT	im fouriertransformierten Bild
Fl	Flüssigkeit
g	Grenz
ges	gesamt

Index	Benennung
i	Laufindex für Material, Fraktion, Filterlage und Element
IS	Intensitätsschwankung
IST	IST-Wert
j	Iteration
K	Keil
k	Bildpunkt
kal	kalibriert
KM	Korrekturmatrix
Kol	Kollektor
L	Level
max	maximal
mean	gemittelt
min	minimal
N	am Filteraustritt
Ny	Nyquist
Offs	Offset
Part	Partikel
Pore	Pore
ref	Referenzmaterial
S	Flächenschwerpunkt
Sed	Sedimentation
SOLL	SOLL-Wert
unkal	unkalibriert
W	Window
Z	Zylinder
γ	Projektionswinkel bei Parallelstrahlgeometrie

Index	Benennung
θ	Projektionswinkel bei Fächer- und Kegelstrahlgeometrie
0	im Referenzbild, am Filtereintritt oder an Oberkante

Konstanten

Konstante	Wert / Einheit	Benennung
c	$2{,}997925 \times 10^{8}$ m/s	Lichtgeschwindigkeit
e	2,718281	Euler'sche Zahl
g	9,81 m/s^2	Erdbeschleunigung
h	$6{,}626076 \times 10^{-34}$ Js	Planck’sches Wirkungsquantum
N_A	$6{,}022136 \times 10^{23}$ mol^{-1}	Avogadro-Konstante
π	3,141592	Kreiszahl

1 Einleitung und Motivation

Filtrationsprozesse sind allgegenwärtig, ob in der Natur bei der Uferfiltration, im Alltag im Filter des Aquariums oder in industriellen Anlagen, zum Beispiel für die Bierfiltration. Eine spezielle Art der Filtration ist die Tiefenfiltration, die sich dadurch auszeichnet, dass die abzuscheidenden Partikel deutlich kleiner sind als die Poren eines Filtermediums, sodass diese in das Innere des Filters gelangen können und dort angelagert werden. Der wesentliche Vorteil dieser Filtrationsart besteht darin, dass eine vergleichsweise hohe Feststoffaufnahme bei gleichzeitig relativ geringem Anstieg des Druckverlustes erzielt werden kann. Die im Filter wirkenden Mechanismen, die zur Abscheidung der Partikel führen sind hoch komplex und von einer Vielzahl von Parametern wie zum Beispiel Filtrationsgeschwindigkeit, Filterbettstruktur oder Partikelgröße abhängig. Deshalb stützen sich etablierte Modelle zur Beschreibung ingenieurtechnisch relevanter Größen wie Druckverlust $\Delta p(t)$ und Abscheidungsprofil $C(z,t)$ auf eine oder wenige empirische und experimentell zu bestimmende Kennzahlen, die den Einfluss aller Filtrationsparameter beinhalten. Die Charakterisierung und Dimensionierung von Filtrationssystemen ist somit stark an Experimente gebunden. In klassischen Filtrationsexperimenten [Chupin2008, Kretzschmar1997, Sator2006, Adou2007] werden Filter typischer Weise als Black Box betrachtet, von denen integrale Größen wie Gesamtdruckverlust und Änderung der Partikelkonzentration in der Flüssigkeit zwischen Ein- und Austritt bestimmt werden. Für das Verständnis der lokal wirkenden Mechanismen und für eine präzisere Datengrundlage zur Modellbildung sind jedoch räumliche Informationen über die Abscheidungsorte der Partikel wünschenswert. Dazu besteht einerseits die Möglichkeit von Simulationen [Boek2012, Gao2010, Han2009, Kampel2011], sowie andererseits der experimentelle Zugang durch Messungen mit Röntgentomographie.

Diese Messtechnik liefert dreidimensionale Grauwertbilder einer Probe, im Fall des Filtrationsexperiments von einem Modellfilter, und hat sich neben der medizinischen Anwendung auch in der Material- und Prozessuntersuchung etabliert. Die Weiterentwicklung der Komponenten von Tomographieanlagen sowie der erforderlichen Rechentechnik zur Rekonstruktion der Tomogramme in den letzten Jahren bzw. Jahrzehnten erlaubt inzwischen für entsprechend kleine Proben Auflösungen von wenigen Mikrometern. Mit der Röntgen-Mikro-Tomographie (µCT) steht somit eine hervorragende Methode zur räumlichen Analyse von Tiefenfiltern zur Verfügung. Hinsichtlich der verwendeten Strahlungsquelle, an der die Tomographiekamera betrieben wird, ist grundlegend zwischen zwei Arten von Messungen zu unterscheiden. Diese können mit monochromatischer Synchrotronstrahlung durchgeführt werden, was aus messtechnischer Sicht zwar optimal ist, jedoch ist die Bereitstellung solcher Strahlung extrem aufwendig, sodass diese Möglichkeit praktisch nur für wenige Einzelmessungen in Frage kommt. Die Alternative sind Röntgenröhren, die in Laboranlagen verwendet werden. Die Intensität von Röntgenröhren ist im Vergleich zu Synchrotronstrahlung um Größenordnungen niedriger, weshalb man gezwungen ist, das zur Verfügung stehende Energiespektrum der Strahlung vollständig oder in großen Teilen zu nutzen, woraus eine Reihe messtechnischer Probleme resultieren.

Für umfangreiche Parameterstudien, die zur Analyse von Tiefenfiltrationsprozessen erforderlich sind, stehen effektiv jedoch nur Laboranlagen zur Verfügung. Diese Problematik spiegelt sich auch im Stand der Forschung wieder. So existieren bisher nur vereinzelt Publikationen zu röntgentomographischen Untersuchungen an Tiefenfiltern, wobei zumeist Synchrotronstrahlung verwendet wurde [Gaillard2007, Chen2009, Waske2010]. Lediglich in zwei bekannten Fällen [Al-Abduwani2005, Li2006] wurden derartige Studien unter Laborbedingungen durchgeführt. Die dort erstellten Tomogramme sind jedoch hinsichtlich der erreichten Auflösung nicht mit den Synchrotronmessungen zu vergleichen. Ein wesentliches Ziel dieser Arbeit besteht nun darin, mit einer verfügbaren µCT-Laboranlage für ein geeignetes Modellsystem hochaufgelöste Tomogramme zu erstellen, die Filterbettstruktur und Partikelabscheidungen im Größenbereich um 1 µm mit dem erforderlichen Kontrast zeigen.

Die Arbeit war zum überwiegenden Teil in das Graduiertenkolleg *PoreNet* (GRK1375) eingegliedert und knüpft dort an zwei Projekte der vorangegangenen Kollegiatengeneration an. Ausgehend von dem ersten Projekt [Waske2011], bei dem Filtrationsprozesse mit Synchrotronstrahlung untersucht wurden, soll die hohe Verfügbarkeit der Laboranlage für zeitaufgelöste Betrachtungen des

Abscheidungsverhaltens genutzt werden. Da Einzelpartikel in den Tomogrammen in der Regel nicht aufgelöst werden können, ergibt sich im Rahmen der Auswertung die Fragestellung nach der tatsächlichen Menge der Abscheidungen. Bezüglich dieser messtechnischen Problematik konnte in dem zweiten Projekt [Rahn2011] gezeigt werden, dass durch eine Kalibrierung mit speziellen Phantomen eine Quantifizierung von magnetischen Nanopartikeln in Tumorgewebe unter Laborbedingungen möglich ist. Die zweite zentrale Zielstellung der Arbeit besteht somit darin, ausgehend von der Methode zur Quantifizierung von Partikeln in Gewebe, wobei es sich um ein 2-Material-System handelt, ein Kalibrierverfahren zu entwickeln, das auf die Tomogramme des Modellfilters angewendet werden kann, in dem mindestens drei Materialien (Partikel, Trägerflüssigkeit und Filtermaterial) vorkommen. Neben der unmittelbaren Anwendung zur Auswertung der Messungen am Filtrationsexperiment ist die Methodik zur Quantifizierung von Mehr-Material-Systemen von allgemeinem messtechnischem Interesse. Die Arbeit stellt somit eine Kombination aus verfahrenstechnischen und messtechnischen Fragestellungen dar, wobei die messtechnischen Aspekte in den Vordergrund gestellt wurden, um ein solide methodische Basis für weitere Untersuchungen zu schaffen, da sich bereits frühzeitig abzeichnete, dass ein umfassendes Verständnis der Tiefenfiltration nur aus breit gefächerten Parametervariationen gewonnen werden kann, die aufgrund des damit verbundenen Bearbeitungsaufwandes nur in mehreren Teilprojekten zu realisieren sind.

Aus diesen Zielstellungen ergibt sich folgende Gliederung der Dissertationsschrift: in Kapitel 2 werden zunächst einige theoretische Grundlagen der Filtration erläutert. Neben einer Abgrenzung der Tiefenfiltration gegenüber anderen Formen der Fest-Flüssig-Trennung werden mikroskopische und makroskopische Modelle zur Beschreibung von Tiefenfiltern vorgestellt. Das dritte Kapitel widmet sich der Röntgentomographie. Ausgehend von der Erzeugung der Röntgenstrahlung wird hier das Messprinzip mit dem Schwerpunkt der Rekonstruktion für die Kegelstrahlgeometrie beschrieben, die in nahezu allen aktuellen Labortomographieanlagen vorliegt. Außerdem wird auf einige messtechnische Schwierigkeiten eingegangen, die zu Artefakten in den Tomogrammen führen. Eine Verbesserung der Bildqualität, sowie die Vergleichbarkeit verschiedener Tomographiemessungen untereinander wurde durch eine Reihe von Kalibriermaßnahmen realisiert, die im vierten Kapitel dokumentiert sind. Zu Beginn der Arbeit wurde eine µCT-Anlage in Betrieb genommen und im Verlauf des Projektes ständig optimiert. Weiterhin wurde eine Experimentierumgebung zur Untersuchung von Tiefenfiltrationsprozessen mit dieser Anlage entwickelt. Diese experimentellen Aufbauten werden in Kapitel 5 vorgestellt.

Die Vielzahl möglicher Kombinationen von Filtrationsparametern wurde im Rahmen dieser Arbeit auf ein einfaches Modellsystem eingegrenzt, bei dem das Filterbett aus einer Kugelschüttung besteht und stark absorbierende Partikel verwendet werden, die mit hohem Kontrast abgebildet werden können. Im sechsten Kapitel wird zum einen die Charakterisierung dieses Modellsystems und zum anderen der experimentelle Ablauf bis hin zur Nachbearbeitung der Tomogramme beschrieben.

Das siebente Kapitel, in dem die Ergebnisse der Arbeit präsentiert und diskutiert werden, gliedert sich in zwei Hauptabschnitte. Im ersten Abschnitt werden die untersuchten Ansätze zur Entwicklung des Quantifizierungsverfahrens erläutert. In dem zweiten Abschnitt wird das Verfahren, das sich als geeignet herausgestellt hat, auf die Filtrationsmessungen angewendet und es werden axiale und radiale Abscheidungsprofile analysiert. Außerdem werden in ersten Variationen des Experiments die Auswirkungen der verwendeten Partikel, sowie der Einfluss von Luftblasen im Filterbett diskutiert. Die Arbeit schließt ab mit einer kurzen Zusammenfassung und Empfehlungen für das weitere Vorgehen für Folgeprojekte in Kapitel acht.

2 Tiefenfiltration

In diesem Abschnitt soll ein kurzer Überblick über die theoretischen Grundlagen der Tiefenfiltration gegeben werden. Dabei besteht nicht der Anspruch eine möglichst vollständige Darstellung des Standes der Forschung zu liefern, sondern vielmehr etablierte Modelle und Formen der Beschreibung zusammenzufassen. Dadurch sollen Schwierigkeiten bei der Modellierung verdeutlicht und die Grundlagen für die Interpretation der Ergebnisse geschaffen werden. Der Schwerpunkt der Arbeit liegt auf der messtechnischen Zugänglichkeit im Rahmen der experimentellen Untersuchungen, auf deren Basis Modelle und Simulationen validiert bzw. neu entwickelt werden können.

2.1 Einordnung der Tiefenfiltration

Tiefenfiltration ist ein Prozess der mechanischen Verfahrenstechnik (MVT), der zunächst in eine geeignete Systematik eingeordnet werden soll. In der Fachliteratur [Stieß2009, Schubert2003, Zogg1993] werden dazu verschiedene Einteilungen angeboten, von denen die nach Schubert gewählt wurde, da sie sehr konsequent strukturiert ist. Demnach ist die Tiefenfiltration der Prozesshauptgruppe **Trennen** und der Prozessuntergruppe **Fest-Flüssig-Trennung** zuzuordnen.

Bei der **Fest-Flüssig-Trennung** wird nach dem Wirkprinzip zwischen **Sedimentation** und **Filtration** unterschieden. Trennen durch **Sedimentation** setzt ein Kraftfeld voraus, durch das die Trennwirkung infolge von Dichteunterschieden zwischen Feststoff und Flüssigkeit erzielt wird. Dies umfasst sowohl Eindicker, wo dies infolge der Schwerkraft erfolgt, als auch Zentrifugalabscheider, in denen die feste Phase durch Fliehkraft von der flüssigen Phase getrennt wird. Im Gegensatz dazu erfolgt die Trennwirkung bei der **Filtration** durch ein Filtermittel. Hier wird hinsichtlich der Wirkungsweise zwischen fünf Arten der **Filtration** unterschieden, die in Abb. 2.1 schematisch dargestellt sind. Dabei handelt es sich um idealisierte Formen zur Verdeutlichung der Unterschiede in der Wirkungsweise. In der Praxis ergeben sich meist Mischformen, was insbesondere durch die in der Regel vorhandene Größenverteilung der herauszufilternden Partikel bedingt ist.

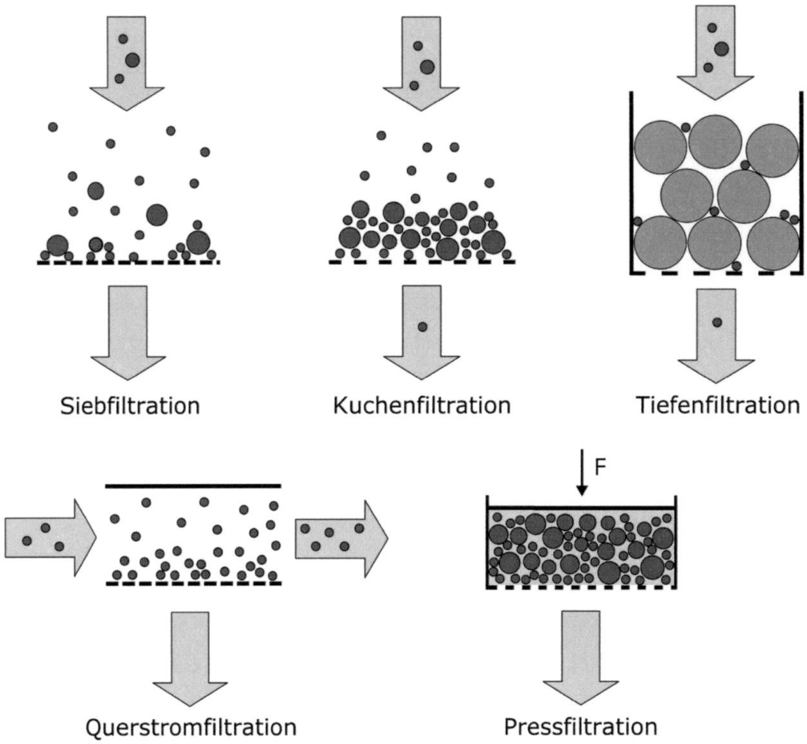

Abb. 2.1: schematische Darstellung der Filtrationsarten

Mit der **Siebfiltration**, auch als Oberflächen- oder Verstopfungsfiltration bezeichnet, ist eine 100%ige Klarfiltration möglich, da dafür die größten Poren des Filtermittels kleiner als die kleinsten Partikel sein müssen. Es kommt jedoch dadurch auch sehr schnell zu einem Verstopfen der Poren und infolge dessen zu einem erheblichen Anstieg des Druckverlustes über dem Filter. Bei der **Querstromfiltration** sind die Poren des Filtermittels, meist eine Membran, ebenfalls kleiner als die Partikel. Es wird jedoch quer zur Abführrichtung des Filtrats eine Strömung aufgebracht, die einer Kuchenbildung auf dem Filtermittel entgegenwirkt. Entlang dieser Strömung nimmt die Feststoffkonzentration zu. Hat diese einen festgelegten Maximalwert erreicht, wird das Konzentrat abgeführt, wobei Mehrfachüberströmungen durchaus üblich sind. Diese Art der Filtration ist bezüglich der erforderlichen Anlagentechnik und des Energieverbrauchs relativ aufwendig und somit kostenintensiv. Die Partikel bei der **Kuchenfiltration** sind etwas kleiner als die Poren des Filtermittels. Sie gelangen zu Beginn der Filtration meist noch durch dieses hindurch, bis aufgrund von Brückenbildungen ein Filterkuchen entsteht, durch den die eigentliche Trennwirkung erzielt wird. Zum Ende eines Filtrationszyklus steigt hier der Druckverlust stark an, sodass der Filter gereinigt werden muss um einen Filterdurchbruch zu vermeiden.

Kennzeichnend für die **Tiefenfiltration** ist, dass die Partikel deutlich kleiner sind als die Poren und dass das Filtermittel eine gewisse Ausdehnung in Strömungsrichtung hat. Als Filtermittel können Schüttungen aber auch Filze oder Vliese verwendet werden. Die Partikel werden im Inneren des Filters abgeschieden, sodass - verglichen mit einer Sieb- oder Kuchenfiltration - wesentlich mehr Partikel aufgenommen werden können bevor der zulässige maximale Druckverlust über dem Filter erreicht ist. Eine Klarfiltration kann mit Tiefenfiltern jedoch nicht gewährleistet werden.

Die **Pressfiltration**, bei der die flüssige Phase über ein Sieb aus der Suspension gepresst wird, ist streng genommen eine Siebfiltration. Sie wird dennoch gelegentlich als eigenständige Filtrationsart aufgeführt und in der Praxis oft einer Kuchenfiltration nachgeschaltet.

2.2 Wirkmechanismen auf mikroskopischer Skala

Grundsätzlich ist bei der Beschreibung von Tiefenfiltrationsprozessen zwischen einer makroskopischen und einer mikroskopischen Betrachtungsweise zu unterscheiden. Die Modelle auf mikroskopischer Ebene, bei denen meist von sphärischen Partikeln und Kollektoren ausgegangen wird, verdeutlichen die Wirkmechanismen der lokalen Prozesse. Bei den Mechanismen, die zur Abscheidung der Partikel führen, wird allgemein zwischen **Antransport-** und **Anlagerungsmechanismen** unterschieden. Bei den **Antransportmechanismen** laut Abb. 2.2 wird betrachtet, wie das abzuscheidende Partikel zum Kollektor gelangt und in erster Linie hinsichtlich der Kräfte differenziert, die diese Bewegung verursachen. Für Partikel mit einem Durchmesser < 1 µm [Schubert2003] versetzen zufällige Kollisionen mit Molekülen des umgebenden Trägerfluids die Partikel in zickzackförmige Bewegungen, was als Brownsche Bewegung bezeichnet wird.

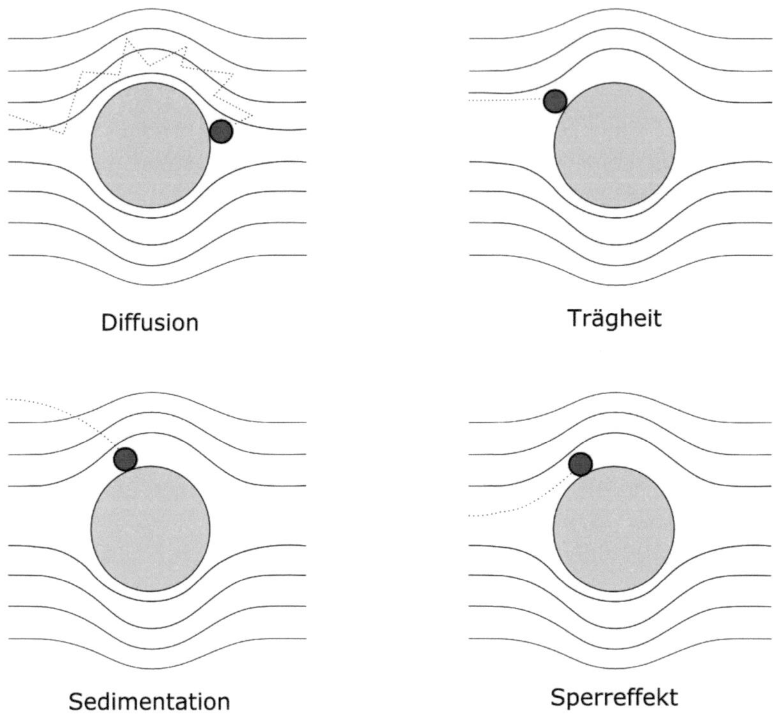

Abb. 2.2: modellhafte Darstellung der Antransportmechanismen in Tiefenfiltern

Das führt zu einer **Diffusion** der Partikel in der Flüssigkeit, wodurch diese mit dem Kollektor in Berührung kommen. **Trägheit** ist ein Antransportmechanismus, der überwiegend bei hohen Dichteunterschieden zwischen Fluid und Partikeln wirkt. Diese können der Richtungsänderung bei der Umströmung des Kollektors nicht mehr folgen und kommen so mit diesem in Kontakt. Im Unterschied dazu wird die **Sedimentation** durch das Gravitationsfeld verursacht, bei dem die Kraft, die auf das Partikel wirkt, immer die gleiche Richtung hat. Beim

Sperreffekt, auch **Interception** genannt, folgt der Partikel der Strömung auf einer Stromlinie, kommt jedoch aufgrund seines Durchmessers bei der Umströmung mit dem Kollektor in Berührung.

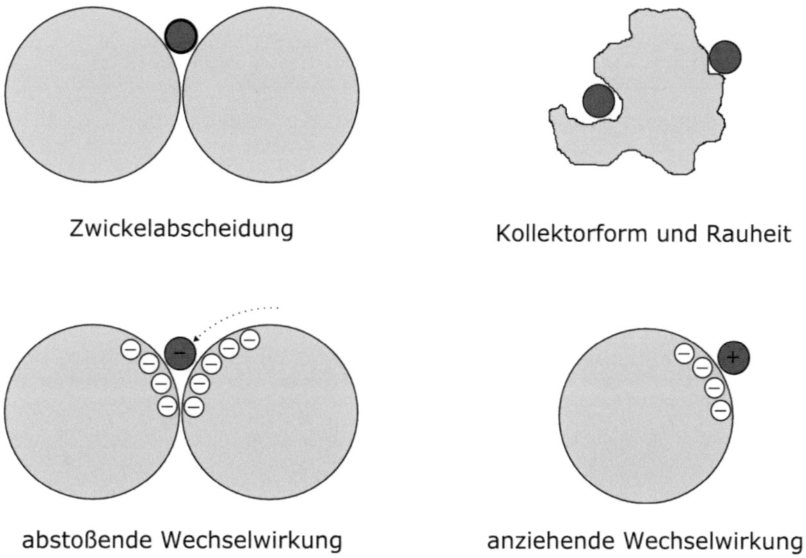

Abb. 2.3: modellhafte Darstellung der Anlagerungsmechanismen in Tiefenfiltern

Nach erfolgtem Antransport sind nun die Mechanismen zu betrachten, die dazu führen, dass die Partikel an dem Kollektor haften bleiben. Da die Einteilung der **Anlagerungsmechanismen** in der Literatur begrifflich und inhaltlich stark variiert, wird eine Unterscheidung vorgeschlagen, die allgemein zwischen den Mechanismen **Formschluss** und **Adsorption** aufgrund von Oberflächenpotentialen unterscheidet, welche schematisch in Abb. 2.3 dargestellt sind. Eine formschlüssige Verbindung kann sowohl in den Zwickeln zwischen zwei Teilchen einer Filterbettschüttung auftreten, als auch in Taschen bei Kollektoren mit komplexen Formen.

Die **Adsorption** hingegen wird durch Van-der-Waals-Wechselwirkungen und elektrostatische Kräfte infolge der Oberflächenladungen verursacht, wobei hier zwischen elektrostatischer Anziehung und Abstoßung zu unterscheiden ist.

An der Oberfläche von Partikeln und Kollektoren bilden sich nach der Theorie von Stern [Stern1924] zwei Lagen aus Ionen der Flüssigkeit, die als innere und äußere Helmholtz-Schicht bezeichnet werden. Denen schließt sich dann eine diffuse Doppelschicht aus beweglichen Ionen an, in der das Potenzial exponentiell mit der Entfernung abnimmt. Die Wechselwirkungen zwischen Partikel und Kollektor werden in der DLVO-Theorie [Derjanguin1942] behandelt, wobei eine Bilanzierung der Potentiale aus Van-der-Waals- und elektrostatischen Wechselwirkungen vorgenommen wird. Die Verläufe der resultierenden Wechselwirkungsenergien sind in Abb. 2.4 gezeigt. Verringert sich die Summe der Potentiale bei Annäherung der Haftpartner so liegt der anziehende Fall vor und es kommt zu einem Anhaften des Partikels an der Kollektoroberfläche.

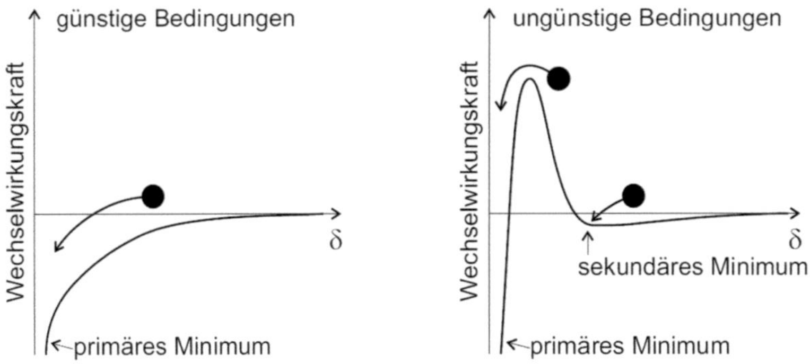

Abb. 2.4: quantitativer Verlauf der Wechselwirkungsenergien zwischen Partikel- und Kollektoroberfläche als Funktion des Abstandes δ [Heiland2014]

Wird das resultierende Potential lokal größer, liegt der abstoßende Fall vor, der zwei interessante Besonderheiten zeigt: Zum einen kann es trotzdem zu einem Anhaften kommen, wenn das Maximum der Wechselwirkungsenergien überwunden ist und die oberflächennah wirkenden Van-der-Waals-Kräfte das Gesamtpotential dominieren. Zum anderen wurde ein lokales Minimum der Wechselwirkungsenergien beobachtet [Johnson2010, Tufenkji2014], was dazu führt, dass das Partikel auf einer Bahn mit konstantem Abstand zur Kollektoroberfläche gehalten wird, auf welcher es dann zu einem Zwickel wandert, wo es zur Abscheidung kommt. Zusätzlich zu diesen Antransport- und

Anlagerungsmechanismen sind auch die Mechanismen zu nennen, die zu einem Wiederablösen der Partikel von der Kollektoroberfläche führen. Dies können entweder hydrodynamische Effekte sein, bei denen das Partikel aufgrund von Geschwindigkeitsdifferenzen in Oberflächennähe in Rotation versetzt und ein Anhaften somit erschwert wird, oder Partikelkollisionen bzw. Stöße in der Strömung, die ebenfalls zu einem Ablösen bereits abgeschiedener Partikel führen können. Diese Wirkmechanismen bestimmen die lokalen Prozesse, deren Summe das Abscheiden der Partikel im Filter beschreibt. Ein Tiefenfiltrationsprozess kann mit etwa 20 Parametern [Gasper2004], beschrieben werden, die beeinflussen, wie dominant einzelne Mechanismen sind. Luckert [Luckert2004] hebt diesbezüglich die Partikelgröße hervor, wonach die Grenze bis zu der Oberflächenpotentiale und Diffusion von besonderer Bedeutung sind, bei einer Partikelgröße von 100 – 500 nm liegt, wie in Abb. 2.5 gezeigt ist.

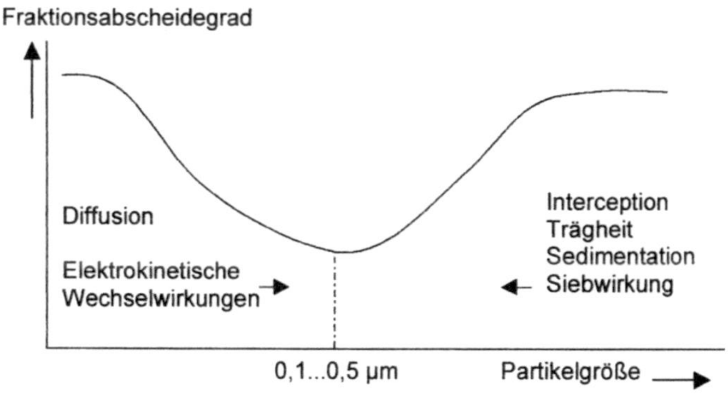

Abb. 2.5: Einfluss der Partikelgröße auf die wirkenden Abscheidungsmechanismen [Luckert2004]

2.3 Makroskopische Beschreibung von Tiefenfiltrationsprozessen

Für praktische Anwendungen, zum Beispiel bei der Dimensionierung von Filteranlagen, ist die zeitliche Entwicklung des Druckverlustes über dem Filter und der Abscheidungsprofile von besonderem Interesse. Anhand des axialen Abscheidungsprofils können sowohl die Gesamtbeladung des Filters bestimmt als auch die Feststoffkonzentration am Filteraustritt abgeschätzt werden. Beides stellt sich infolge eines komplexen Zusammenspiels der lokalen Prozesse ein, die jeder für sich genommen außerdem von den Filtrationsparametern abhängig sind. Deshalb haben sich für die Beschreibung von Filtrationsprozessen auf makroskopischer Ebene Modelle durchgesetzt, die den Einfluss der Filtrationsparameter teilweise oder vollständig in empirischen Kennzahlen berücksichtigen. Grundlage solcher Modellierungen sind klassische Filtrationsexperimente, in denen nur der Druckverlust über dem gesamten Filter sowie die Partikelkonzentration an Ein- und Austritt bestimmt werden können. Der Filter wird dabei als Black Box aus einer Reihenschaltung einzelner Filterlagen betrachtet, die, wie in Abb. 2.6 gezeigt, neben den Ein- und Austrittsgrößen nur durch einige wenige geometrische Parameter beschrieben ist.

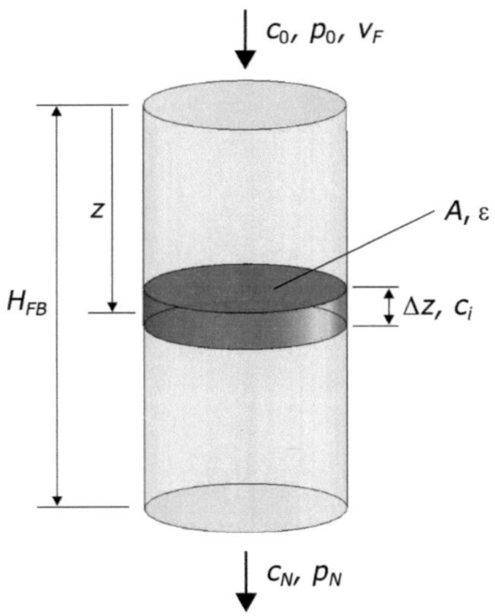

Abb. 2.6: Geometrie- und Prozessgrößen in einem abstrahierten Filter

Zur Modellierung des axialen Abscheidungsprofils werden in der Literatur meist die Ansätze nach Ives [Ives1973] und Iwasaki [Iwasaki1937] genannt. Die Formulierung nach Ives ist dadurch motiviert, die Anteile der lokal wirkenden Mechanismen auf die Gesamtabscheidung in einer Filterlage zu berücksichtigen und geht vereinfacht von sphärischen Partikeln und Kollektoren aus. Dabei wird zunächst ganz allgemein ein Fraktionsabscheidegrad η_i definiert, der der Wahrscheinlichkeit entspricht, mit der ein Partikel einer Klasse i abgeschieden wird. Dieser ist das Produkt aus Antransportwahrscheinlichkeit η_{Ti} und Haftwahrscheinlichkeit η_{Hi}, die für sehr kleine Partikel oft mit 1 angenommen wird [Schubert2003].

$$\eta_i = \eta_{Ti} \cdot \eta_{Hi} \tag{2.1}$$

Zur Abschätzung der Antransportwahrscheinlichkeit wird folgender Ansatz angegeben, in dem jeder Antransportmechanismus durch eine dimensionslose Kennzahl repräsentiert ist:

$$\eta_T = a \cdot N_S^{n_1} \cdot St^{n_2} \cdot N_I^{n_3} \cdot Pe^{n_4} \tag{2.2}$$

Diese Kennzahlen werden nach den Gleichungen (2.3) - (2.6) aus den Filtrationsparametern berechnet und mit den empirischen Koeffizienten a sowie n_1 - n_4 gewichtet:

Sedimentations-Kennzahl:
$$N_S = \frac{(\rho_{\text{Part}} - \rho_{\text{Fl}}) \cdot g \cdot d_{\text{Part}}^2}{18 \cdot v_F \cdot \eta_{\text{Fl}}} \tag{2.3}$$

STOKES-Zahl (Trägheit):
$$St = \frac{(\rho_{\text{Part}} - \rho_{\text{Fl}}) \cdot v_F \cdot d_{\text{Part}}^2}{18 \cdot d_{\text{Kol}} \cdot \eta_{\text{Fl}}} \tag{2.4}$$

Sperreffekt-Kennzahl:
$$N_I = \frac{d_{\text{Part}}}{d_{\text{Kol}}} \tag{2.5}$$

PÉCLET-Zahl (Diffusion):
$$Pe = \frac{v_F \cdot d_{\text{Kol}}}{D} \tag{2.6}$$

Aus den Fraktionsabscheidegraden lässt sich das axiale Abscheidungsprofil bei gegebener Partikelgrößenverteilung und Feststoffkonzentration am Filtereintritt bestimmen. Dieses Modell ist relativ komplex und die empirischen Konstanten sind experimentell nur schwer zu ermitteln. Deshalb ist der rein phänomenologische Ansatz nach Iwasaki, der den Einfluss aller Filtrationsparameter in Form des Filterkoeffizienten λ ausdrückt, wesentlich verbreiteter. Dabei wird von der Annahme ausgegangen, dass die Abnahme der Partikelkonzentration dc bei der Durchströmung einer differentiell kleinen Filterlage proportional zur Feststoffkonzentration c in der Flüssigkeit ist, wobei λ der Proportionalitätsfaktor ist. Diese statistisch begründetet Hypothese wird durch die Differenzialgleichung (2.7) ausgedrückt, deren Lösung (2.8) das Konzentrationsprofil in der Flüssigkeit in Abhängigkeit von der Position z im Filter liefert.

$$-\frac{\mathrm{d}c}{\mathrm{d}z} = \lambda \cdot c \tag{2.7}$$

$$c(z) = c_0 \cdot \mathrm{e}^{-\lambda \cdot z} \tag{2.8}$$

Die zeitliche Entwicklung des Abscheidungsprofis $C(z,t)$ im Filter ergibt sich dann entsprechend Gleichung (2.9) aus der Konzentrationsänderung in der Flüssigkeit für jede Filterlage, wofür Stieß [Stieß1994] angibt, dass der Filterkoeffizient nur zu Beginn des Filtrationsprozesses konstant ist und mit zunehmender Filtrationsdauer kleiner wird. Dies kann darauf zurückgeführt werden, dass potentielle Abscheidungsorte bereits belegt sind und es vermehrt zu Partikelstößen und somit zu einem Wiederablösen kommt.

$$C(z,t) = v_F \cdot \varepsilon \cdot \lambda \cdot t \cdot c_0 \cdot \mathrm{e}^{-\lambda \cdot z} \tag{2.9}$$

Ein prinzipieller Nachteil von Untersuchungen, die sich für solche Modellierungen auf das Verhältnis c_N / c_0 der Partikelkonzentration in der Flüssigkeit beziehen, liegt darin, dass sich die Vorgänge im Filter ausschließlich auf theoretische Hypothesen stützen und eine Korrelation von mikroskopischen und makroskopischen Prozessen experimentell kaum zu belegen ist. Dies ist nur durch den Einsatz alternativer Messtechniken möglich, wofür bisher unter anderem Aufnahmen von Laserschnitten [Yoon2006] zur Verbesserung der z-Auflösung in den axialen Abscheidungsprofilen und Mikroskopieaufnahmen [Johnson2010] für Aussagen über lokale Prozesse gemacht wurden. Die Röntgentomographie vereint all diese Vorteile in einem messtechnischen Verfahren, weshalb diese experimentelle Herangehensweise als äußerst vielversprechend eingeschätzt wird.

Die zunehmende Beladung, die durch das axiale Abscheidungsprofil beschrieben ist, führt zu einem Anstieg des Druckverlustes Δp über dem Filter. Ist ein maximal zulässiger Druckverlust erreicht, ist das neben einer maximal zulässigen Partikelkonzentration c_{max} am Filteraustritt ein Kriterium dafür, dass das Filterbett ausgetauscht oder der Filter rückgespült werden muss. Zur Beschreibung des Druckverlustes in Abhängigkeit der Filtrationsparameter und der Filtrationsdauer existieren ebenfalls verschiedene Modelle. Ives [Ives1970] gibt dafür eine stark vereinfachte Gleichung an, nach der über die Filtrationsdauer der Druckverlust linear zunimmt, wobei der Einfluss der Filtrationsparameter mit nur einer Konstante berücksichtigt wird.

$$\Delta p(t) = \Delta p_0 + \text{const.} \cdot t \qquad (2.10)$$

Der Druckverlust über einer porösen Struktur kann aber auch nach Carman-Kozeny [Carman1937] mit folgender Gleichung beschrieben werden:

$$\Delta p(t) = 2 \cdot k_0 \cdot \frac{(1-\varepsilon(t))^2}{\varepsilon(t)^3} \cdot S_v \cdot \eta_{Fl} \cdot v_F \cdot H_{FB} \qquad (2.11)$$

Betrachtet man im Fall der Tiefenfiltration dabei nur die flüssige und die feste Phase, wobei die feste Phase sowohl Partikel als auch Kollektoren sein können, nimmt während eines Filtrationszyklus die Porosität ε ab und die spezifische Oberfläche S_v zu, was zu einem Anstieg des Druckverlustes führt.

Auch für die Modellierung räumlicher und zeitlicher Druckprofile bieten Röntgentomographiemessungen hervorragende Möglichkeiten, da experimentell schwer zugängliche Größen wie Porosität und spezifische Oberfläche im Rahmen der erreichbaren Auflösung mittels digitaler Bildverarbeitung aus den Tomogrammen gewonnen werden können.

3 Röntgentomographie

Die Messtechnik der Wahl zur Untersuchung der Tiefenfiltrationsvorgänge ist in dieser Arbeit die Röntgentomographie. Der Begriff Tomographie leitet sich von dem griechischen τομή [tome] = Schnitt und γράφειν [grafëin] = Schreiben ab und vereint verschiedene bildgebende Verfahren, die im Ergebnis die innere Struktur von Objekten in Schnittbildern sichtbar machen. Im Fall der Röntgencomputertomographie ist dabei die Eingangsinformation die Schwächung der Röntgenstrahlung beim Durchdringen von Materie, aus der dann die Schnittbilder rekonstruiert werden. Ausgehend von dem Messprinzip und den physikalisch-technischen Grundlagen zur Röntgenstrahlung werden in diesem Abschnitt die mathematischen Methoden der Rekonstruktion der Tomogramme erläutert. Beginnend mit dem einfachsten Fall, der 2D-Rekonstruktion für Parallelstrahlgeometrie wird der Übergang zur 3D-Rekonstruktion für Kegelstrahlgeometrie vollzogen, die praktisch in allen Laboranlagen vorliegt und somit von besonderem Interesse ist. Dafür wurde eine Rekonstruktionssoftware entwickelt, die kurz vorgestellt werden soll. Außerdem wird auf einige messtechnische Schwierigkeiten eingegangen, die zu Artefakten in den Tomogrammen führen.

3.1 Radon-Transformation und Messprinzip

Das Messprinzip röntgentomographischer Untersuchungen leitet sich aus einer mathematischen Problemstellung ab, für die erstmals Johann Radon 1917 vor der Sächsischen Akademie der Wissenschaften eine Lösung präsentierte. Radon führt in seiner Arbeit [Radon1917] den Beweis, dass eine stetige Funktion $f(x,y)$ bestimmt werden kann, wenn deren Linienintegrale unter allen Winkeln bekannt sind. Bei der Röntgentomographie entspricht die gesuchte Funktion im zweidimensionalen Fall der Verteilung des linearen Schwächungskoeffizienten $\mu(x,y)$ und die Linienintegrale von μ entsprechend Gleichung (3.1) der Schwächung p der Röntgenstrahlung nach dem Durchdringen der Probe.

$$p = \int_L \mu(s)\,\mathrm{d}s \qquad (3.1)$$

Diese ist aus den zu messenden Strahlungsintensitäten unter verschiedenen Winkeln γ und über die gesamte Probenbreite ξ zu ermitteln, was in den meisten nicht-medizinischen Tomographieanlagen durch schrittweises Drehen der Probe realisiert wird. Der grundlegende Aufbau einer solchen Messvorrichtung ist in Abb. 3.1 schematisch dargestellt.

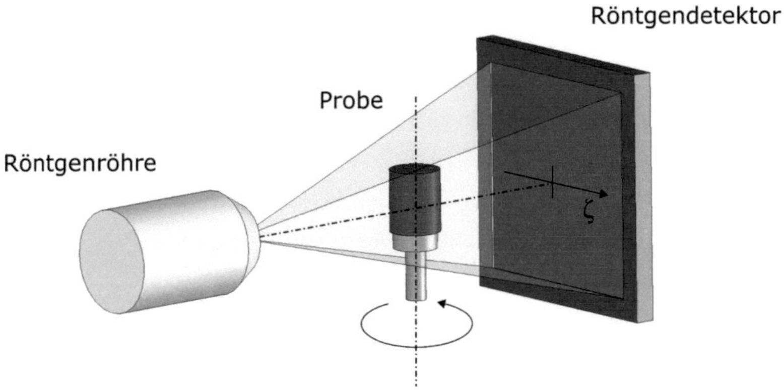

Abb. 3.1: schematische Darstellung des Messprinzips der Röntgentomographie

Tomographiemessungen gliedern sich demnach in zwei Abschnitte. Der erste Schritt ist die Bildakquise, bei der Röntgenbilder unter verschiedenen Projektionswinkeln aufgenommen und aus denen dann die Linienintegrale $p\,(\gamma,\xi)$ berechnet werden. Dieser Schritt entspricht der Radon-Transformation:

$$p(\gamma,\xi) = \Re\{f\,(x,y)\} \qquad (3.2)$$

Der zweite Schritt ist die Rekonstruktion, bei der man aus dem Satz von Projektionen die Verteilung des Schwächungskoeffizienten berechnet, was allgemein als inverse Radon-Transformation bezeichnet wird:

$$f(x,y) = \Re^{-1}\{p(\gamma,\xi)\} \tag{3.3}$$

Die Projektionsdaten $p(\gamma,\xi)$, also die Eingangsdaten für die inverse Radon-Transformation, werden meist in Form von Sinogrammen, wie in Abb. 3.2, dargestellt. Diese Bezeichnung resultiert daher, dass die Projektion eines Punktes unter verschiedenen Winkeln einen Sinus beschreibt, dessen Amplitude umso größer ist, je weiter dieser vom Rotationszentrum entfernt ist.

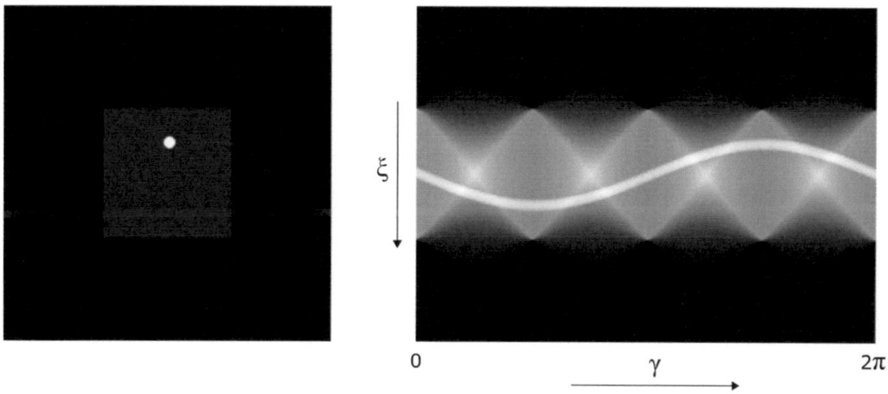

Abb. 3.2: links: exemplarische Verteilung von Schwächungskoeffizienten an einem Modellbild mit schwarz - μ=0, grau – μ=0,01 und weiss – μ=0,05; rechts: das dazugehörige Sinogramm unter den Projektionswinkeln γ zwischen 0° und 360°

Bevor die mathematischen Methoden für die Durchführung der inversen Radon-Transformation erläutert werden, wird im Weiteren kurz auf die Grundlagen der Röntgenstrahlung eingegangen, die die Eingangsinformationen liefert und deren Charakteristik einen erheblichen Einfluss auf die Messergebnisse hat.

3.2 Physikalische und technische Grundlagen

3.2.1 Röntgenstrahlung

Röntgenstrahlung ist nach Conrad Röntgen benannt, der diese 1895 durch Zufall entdeckte, wofür er 1901 mit dem Nobelpreis geehrt wurde. Sie entsteht, wenn Ladungsträger aus einer hohen Geschwindigkeit abgebremst werden und hat die Eigenschaft, Materie sehr gut durchdringen zu können. Der Wellenlängenbereich von Röntgenstrahlung liegt zwischen 10^{-8} m und 10^{-13} m. Da sich jedoch anhand des Photonenmodells Entstehungs- und Schwächungsmechanismen anschaulicher darstellen lassen, hat sich dieses durchgesetzt. Deshalb wird auch in der Regel nicht die Wellenlänge λ, sondern die äquivalente Photonenenergie E angegeben, die nach Gleichung (3.4) mit den Konstanten Lichtgeschwindigkeit und Planck'schem Wirkungsquantum zu berechnen ist:

$$E = \frac{h \cdot c}{\lambda} \quad . \tag{3.4}$$

Röntgenstrahlung ist bei ihrer Erzeugung zunächst immer polychromatisch, das heißt, es liegt ein Spektrum von Photonenenergien vor. In Röntgenröhren entsteht dieses, indem Elektronen auf ein Target auftreffen und so ihre kinetische Energie in Wärme und Strahlungsenergie umgewandelt wird. Beim Eindringen werden die Elektronen in den Atomen des Targetmaterials durch deren elektrische Felder abgelenkt und dabei abgebremst. Die so freiwerdende Energie äußert sich in der Freisetzung von Photonen, die das stetige Bremsspektrum bilden, dessen maximale Photonenenergie durch die Beschleunigungsspannung und der daraus resultierenden maximalen Geschwindigkeit der Elektronen bestimmt ist. Außerdem kommt es zu Kollisionen zwischen eintreffenden Elektronen und den Hüllenelektronen der Atome, die dabei herausgeschlagen werden. Bei dem Nachrücken von Elektronen einer höheren Hülle wird ebenfalls Energie freigesetzt, die zur Entstehung von Photonen führt und die, je nach Schale des herausgeschlagenen und des nachrückenden Elektrons, die charakteristischen Linien (K_α, K_β, ...) des Spektrums bilden, welches exemplarisch in Abb. 3.3 gezeigt ist.

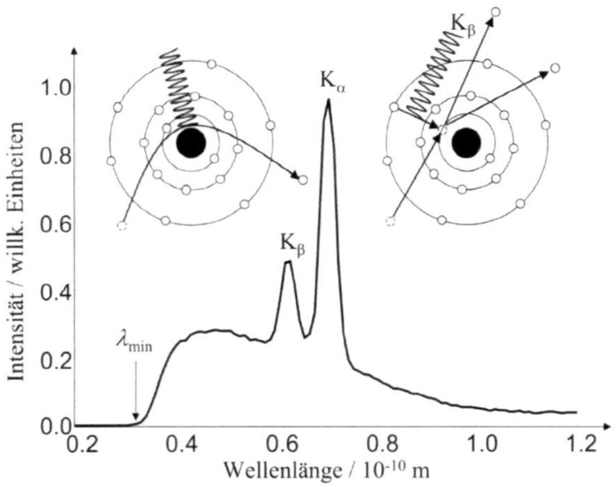

Abb. 3.3: polychromatisches Spektrum einer Röntgenröhre mit Molybdänanode bei einer Beschleunigungsspannung von 30 kV [Buzug2005]

Die so erzeugten Photonen verlassen auf geradlinigen Bahnen das Austrittsfenster der Röntgenröhre in Richtung des Detektors und werden bei dem Durchdringen der Probe absorbiert oder in ihrer Energie abgeschwächt. Die Schwächungsmechanismen, also die Wechselwirkungen zwischen Atomen der Probe und Photonen, sind stark von der Photonenenergie und dem Probenmaterial abhängig. In einem typischen Beschleunigungsspannungsbereich um 100 kV wirken hier im Wesentlichen die Schwächungsmechanismen Photoeffekt und Compton-Streuung.

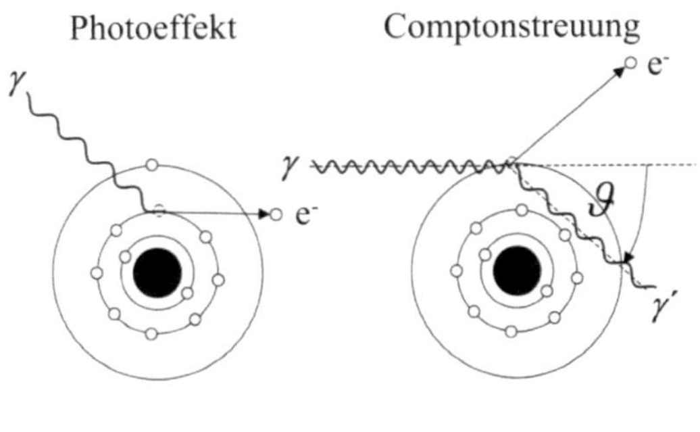

Abb. 3.4: Schwächungsmechanismen von Photonen mit Energien < 1MeV [Buzug2005]

Bei dem Photoeffekt trifft das Photon auf ein Elektron der unteren Schalen, schlägt dieses heraus und gibt so seine Energie vollständig ab. Das Atom bleibt nun entweder ionisiert oder ein Elektron der höheren Schalen springt nach, wobei die dabei freiwerdende Energie an ein Elektron der höheren Schalen, das sogenannte Auger-Elektron, abgegeben wird, das dann die Hülle verlässt. In jedem Fall wird kein neues Photon erzeugt. Unter Compton-Streuung versteht man, dass das Photon ein Valenzelektron aus der äußeren Schale schlägt. Dabei wird jedoch nicht die ganze Energie des Photons in kinetische Energie des Elektrons umgewandelt, sondern nur ein Teil, sodass ein neues Photon mit der verbleibenden Restenergie entsteht, welches sich in einer anderen Richtung weiterbewegt.

Die Energie E der einfallenden Strahlung und das durchstrahlte Material, welches durch Massendichte ρ und Ordnungszahl Z beschrieben ist, geben vor, zu welchen Anteilen diese Mechanismen wirken. Daraus ergibt sich, dass der Schwächungskoeffizient μ nicht nur eine Materialgröße ist, sondern auch in hohem Maße energieabhängig, wobei folgender Zusammenhang [Attix2004] zwischen Material, Energie und Schwächungskoeffizient existiert:

$$\mu \sim \rho \frac{Z^4}{E^3} \tag{3.5}$$

Besteht das Probenmaterial aus einer Verbindung mehrerer Elemente, so ist zur Abschätzung dieser Proportionalität entsprechend Gleichung (3.6) – (3.8) eine effektive Ordnungszahl Z_{eff} zu ermitteln. Dabei werden die Ordnungszahlen Z_i mit der relativen Elektronenanzahl a_i und dem Exponenten x gewichtet, für den die Literaturangaben mit $x = 2{,}94$ [Furetta2009] und $x = 3{,}8$ [Al-Abduwani2005] leicht variieren.

$$Z_{\text{eff}} = \sqrt[x]{\sum_{i=0}^{N} a_i \cdot Z_i^{\,x}} \tag{3.6}$$

$$a_i = \frac{n_i(Z_i)}{\sum_{i=0}^{N} n_i(Z_i)} \tag{3.7}$$

$$n_i = \mathrm{N_A} \cdot Z_i \tag{3.8}$$

Für verschiedene Materialien und Energien ist der lineare Schwächungskoeffizient, z.B. von Hubbel [Hubbel1982], auch tabelliert. Problematisch bei polychromatischer Strahlung ist jedoch, dass sowohl das Spektrum $I(E)$ als auch die energieabhängige Empfindlichkeit des Detektors $S(E)$ in der Regel nicht bekannt sind. Diese Energieabhängigkeit führt zu Strahlaufhärtungsartefakten, die in Abschnitt 3.4 näher erläutert werden und welche ein erhebliches messtechnisches Problem bei der quantitativen Bestimmung der Materialanteile aus den Grauwerten der Tomogramme darstellen.

Die Schwächung p ist nicht unmittelbar messbar, jedoch kann die Strahlungsintensität mit einem Röntgendetektor gemessen werden. Dafür wird die Strahlung in Röntgendetektoren in einer Szintillationsschicht zunächst in sichtbares Licht umgewandelt, dessen Intensität, zum Beispiel mit einer Kamera erfasst wird. Somit ist es möglich, die Gesamtschwächung durch Umstellen des Lambert-Beer'schen Gesetzes (3.9) nach Gleichung (3.10) aus den gemessenen Intensitätsprofilen zu berechnen:

$$I = (I_0 - I_{\text{Offs}}) \cdot e^{-\int_L \mu \, ds} + I_{\text{Offs}} \tag{3.9}$$

$$p = \int_L \mu(s) \, ds = -\ln\left(\frac{I - I_{\text{Offs}}}{I_0 - I_{\text{Offs}}}\right) \tag{3.10}$$

I ist dabei die Intensität der geschwächten Strahlung, I_0 die der ungeschwächten und I_{Offs} der Detektoroffset ohne einfallende Strahlung. Im Fall der polychromatischen Strahlung stellt p das Linienintegral des über den Energiebereich des Spektrums gemittelten Schwächungskoeffizienten dar.

3.2.2 Röntgenquellen

Zur Erzeugung von Röntgenstrahlung existieren verschiedene technische Möglichkeiten. Eine Möglichkeit besteht darin, Ladungsträger die sich in Speicherringen mit annähernd Lichtgeschwindigkeit bewegen an Umlenkmagneten bzw. Wigglern oder Undulatoren umzulenken, was einem Abbremsen in einer Raumrichtung gleich kommt und zur Emission von Röntgenphotonen führt. Die so erzeugte Strahlung ist parallel und hat eine sehr hohe Intensität, was es erlaubt, das Spektrum in nachgeschalteten Monochromatoren auf einen sehr engen Energiebereich einzugrenzen, der immer noch genügend Intensität besitzt um mit akzeptablen Belichtungszeiten Röntgenbilder aufzunehmen. Die Verwendung solcher monochromatischer Synchrotronstrahlung hat für Tomographiemessungen den Vorteil, das die Energieabhängigkeit des Schwächungskoeffizienten nicht zu Strahlaufhärtung führt und Material- und Dichteunterscheidungen sehr differenziert möglich sind. Diese Form der Strahlungserzeugung ist jedoch extrem aufwendig, sodass solche Strahlungsquellen für umfangreiche Messungen nicht zur Verfügung stehen. Da Messungen mit Synchrotronstrahlung nicht Schwerpunkt dieser Arbeit sind, wird für ausführlichere Erläuterungen auf entsprechende Literatur [Falta2010] verwiesen.

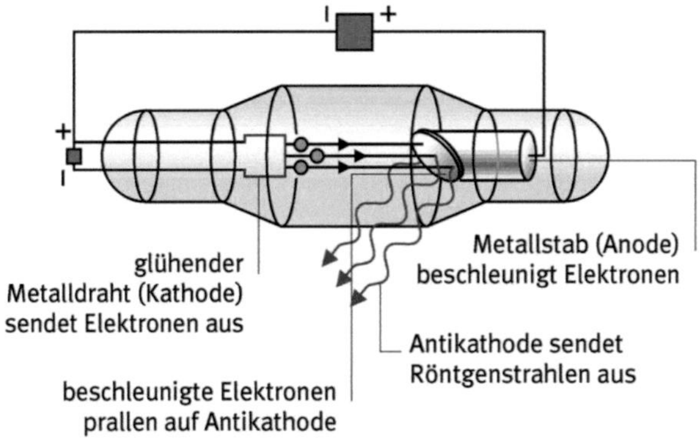

Abb. 3.5: klassische Bauform einer Röntgenröhre [Wissen2010]

Eine zweite Möglichkeit der Strahlungserzeugung stellen Röntgenröhren dar, wie sie in Laboranlagen verwendet werden. In Röntgenröhren der klassischen Bauform, wie sie in Abb. 3.5 dargestellt ist, wird zwischen einer Kathode und einer Anode (Antikathode) eine Hochspannung angelegt, wodurch Elektronen von der Kathode zur Anode hin beschleunigt werden, dort in das Anodenmaterial eindringen und dabei abgebremst werden. Die so erzeugte Strahlung geht kegelförmig von einem Brennfleck aus, wobei die Größe dieses Brennflecks einen maßgeblichen Einfluss auf die Kantenschärfe der Röntgenbilder hat, die sich in der real erreichbaren Auflösung in den Tomogrammen widerspiegelt. Wie in Abb. 3.6 schematisch dargestellt ist, werden unscharfe Kanten, also die Größe der Halbschattenbereiche, von Brennfleckdurchmesser und Vergrößerung bestimmt. Insbesondere bei hohen Vergrößerungen ist somit ein kleiner Brennfleck erforderlich. Sehr kleine Brennfleckdurchmesser können mit Mikro- oder Nano-Fokus-Röntgenröhren realisiert werden. Eine solche ist auch in der Labor-Tomographieanlage installiert, die im Rahmen dieser Arbeit verwendet wurde. Der prinzipielle Aufbau einer solchen Röhre ist in Abb. 3.7 gezeigt. Darin wird der Elektronenstrahl mit in Spulen erzeugten Magnetfeldern geformt und abgelenkt. So ist ein Zentrieren sowie ein Fokussieren möglich und es können Brennfleckdurchmesser von weniger als 1 µm erreicht werden.

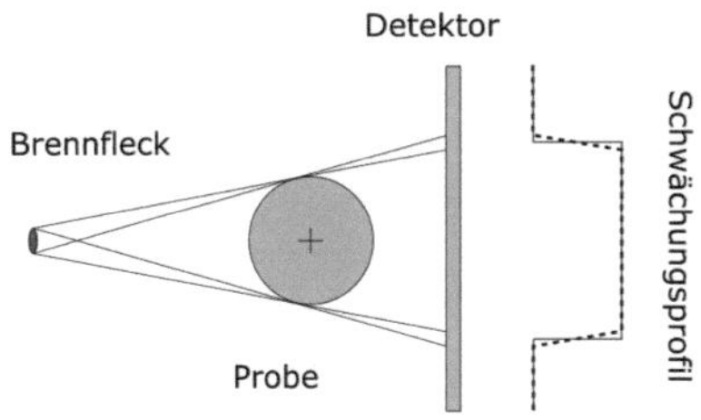

Abb. 3.6: schematische Darstellung des Einflusses der Brennfleckgröße auf das Schwächungsprofil der Probe

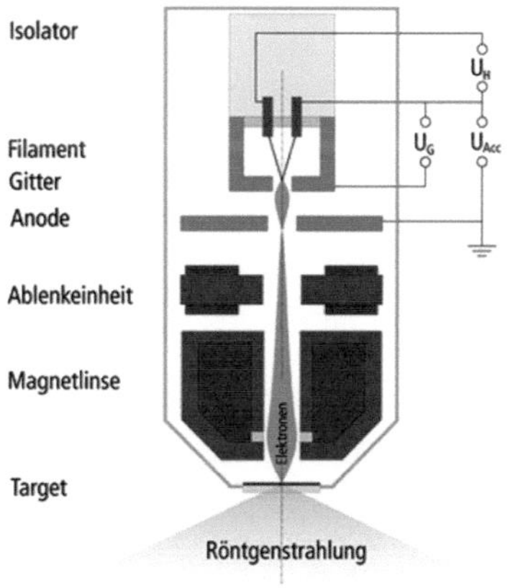

Abb. 3.7: schematische Darstellung des Aufbaus einer Nano-Fokus-Röntgenröhre mit Transmissionstarget [GE2015]

Gegenüber der klassischen Bauform wird dabei auch eine Trennung zwischen Anode, die zur Beschleunigung der Elektronen erforderlich ist und Target, also dem Bauteil, in dem die Elektronen abgebremst werden, vorgenommen. Dies ermöglicht die Verwendung unterschiedlicher Targetmaterialien in einer Röhre. Durch Wahl des Targetmaterials (z.B. Wolfram oder Molybdän) kann Einfluss auf das Strahlungsspektrum genommen werden.

Kleine Brennflecken sind jedoch mit einer Verringerung der Strahlungsintensität verbunden. Bedingt durch den maximal zulässigen Leistungseintrag pro Flächeneinheit auf dem Target wird bei solchen Röntgenröhren der maximale Strom in Abhängigkeit von dem Brennfleckdurchmesser begrenzt.

3.3 Rekonstruktion

Für die Umsetzung der inversen Radontransformation existieren zwei grundlegend verschiedene Verfahrensansätze. Zum einen algebraische Verfahren [Gordon1979, Andersen1984, Yang2003], bei denen die Bildmatrix des zu rekonstruierenden Tomogramms in ein lineares Gleichungssystem überführt wird. Die Unbekannten in diesem Gleichungssystem sind die Schwächungskoeffizienten, deren Summen unter verschiedenen Projektionswinkeln bekannt sind und in meist iterativen Verfahren kann die Verteilung $\mu(x,y)$ ermittelt werden. Solche Rekonstruktionsverfahren sind sehr rechenintensiv, liefern im Ergebnis aber direkt die Verteilung des Schwächungskoeffizienten und weisen insbesondere bei einer geringen Anzahl von Projektionswinkeln weniger Artefakte auf. Durch effizienteren Code und stetig zunehmende Verfügbarkeit leistungsfähiger Rechentechnik gewinnen algebraische Verfahren immer mehr an Bedeutung. Der zweite Verfahrensansatz ist auf das Fourier-Slice-Theorem zurückzuführen, das von Bracewell [Bracewell1956] für die gleiche mathematische Fragestellung aber im Rahmen einer radioastronomischen Problematik aufgestellt wurde. Diese Rekonstruktionsverfahren werden aufgrund der vergleichsweise kurzen Rekonstruktionszeiten zum überwiegenden Teil verwendet. Im Weiteren wird die Rekonstruktion basierend auf dem Fourier-Slice-Theorem für den zweidimensionalen Fall bei Parallelstrahlgeometrie näher erläutert.

3.3.1 Fourier-Slice-Theorem und gefilterte Rückprojektion

Das Fourier-Slice-Theorem besagt, dass die Fouriertransformierte $F(u,v)$ der Funktion $f(x,y)$ in kartesische Koordinaten identisch mit einer Funktion $P(\gamma,q)$ in Polarkoordinaten ist. Diese Funktion $P(\gamma,q)$ kann konstruiert werden, indem die spaltenweise Fouriertransformierte $P_{\gamma}(q)$ von $p_{\gamma}(\xi)$ entsprechend Abb. 3.8 für alle Projektionswinkel γ aufgetragen wird. Somit ist also ausgehend von $P(\gamma,q)$

lediglich eine Koordinatentransformation und eine Rücktransformation in den Ortsraum erforderlich, um $f(x,y)$ zu erhalten. Als Formel schreibt sich dieses Theorem wie folgt:

$$f(x,y) = \int_{-\infty}^{+\infty}\int_{-\infty}^{+\infty} F(u,v)\cdot e^{2\pi\, i(xu+yv)}\, du\, dv \tag{3.11}$$

q und γ sind darin durch die Substitutionen (3.12) und (3.13) ersetzt:

$$u = q\cdot\cos(\gamma) \tag{3.12}$$

$$v = q\cdot\sin(\gamma) \tag{3.13}$$

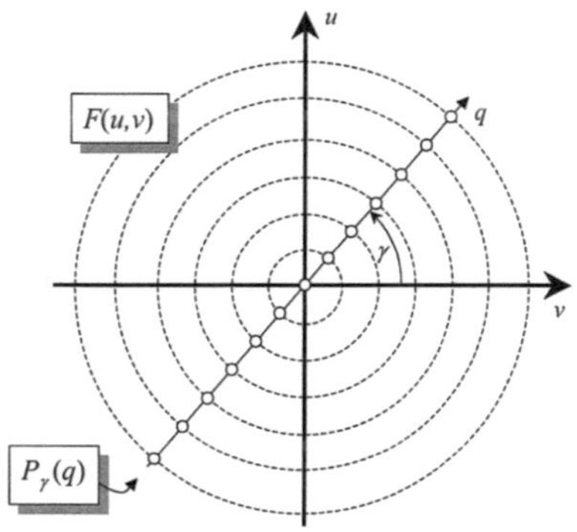

Abb. 3.8: Koordinatensysteme im Fourier-Raum bei der Umsetzung des Fourier-Slice-Theorems [Buzug2005]

Die unmittelbare Implementierung des Fourier-Slice-Theorems zur Rekonstruktion erwies sich jedoch als problematisch [Kalender2006], da die Koordinatentransformation im diskreten Fourierraum mit Interpolationen verbunden wäre, was nicht möglich ist und insbesondere bei hohen Frequenzen zu Bildfehlern führt.

Stattdessen wird das Verfahren der gefilterten Rückprojektion [Chesler1971] verwendet, welches sich direkt aus dem Fourier-Slice-Theorem ableitet. Durch ein Umformen des Doppelintegrals (3.11), wie bei Buzug [Buzug2005] detailliert nachgelesen werden kann, ergibt sich so der Rechengang nach Schema 1. Darin wird von Projektionsdaten aus einem Winkelbereich zwischen 0 und 180° ausgegangen, da bei Parallelstrahlgeometrie jedem Winkel größer 180° eine spiegelverkehrte, aber ansonsten identische Projektion bei kleinerem Winkel (γ - 180°) zugeordnet werden kann. Der erste Schritt ist hierbei die Fouriertransformation der Projektionsdaten, wobei bei der Umsetzung mittels schneller Fouriertransformation (FFT) die Bildbreite 2^n Pixel betragen muss.

Schema 1: Gefilterte Rückprojektion für Parallelstrahlgeometrie

1. Berechnung der Fouriertransformierten P von p

$$P_\gamma(q) = \mathfrak{F}\{p_\gamma(\xi)\} \tag{3.14}$$

2. Hochpassfilterung und Rücktransformation

$$h_\gamma(\xi) = \mathfrak{F}^{-1}\{|q|\cdot P_\gamma(q)\} \tag{3.15}$$

3. Rückprojektion mit $\xi = x\cdot\cos(\gamma)+y\cdot\sin(\gamma)$ (3.16)

$$f(x,y) = \int_0^\pi h_\gamma(\xi)\mathrm{d}\gamma \tag{3.17}$$

Im zweiten Schritt werden diese transformierten Daten im Fourierraum mit dem Betrag der Frequenz q gewichtet und anschließend rücktransformiert. Es wird also eine Hochpassfilterung durchgeführt, wobei $|q|$ die Jacobi-Determinante ist, die bei der Integration im Polarkoordinatensystem hinzu kommt. Ohne Einschränkung der Allgemeinheit kann $|q|$ auch als Wichtungsfunktion $G(q)$ geschrieben werden, die als Rampen-Filter bezeichnet wird:

$$G(q) = |q| \quad . \tag{3.18}$$

Bezogen auf die Daten im Ortsraum schreibt sich eine solche Filterung als Faltung mit dem Operator *:

$$h_\gamma(\xi) = p_\gamma(\xi) * g(\xi) \quad . \tag{3.19}$$

Dieses Filtern bewirkt, dass Kanten durch Über- und Unterschwinger besonders betont werden, was deutlich wird, wenn man den Plot des gefilterten Sinogramms in Abb. 3.9 betrachtet.

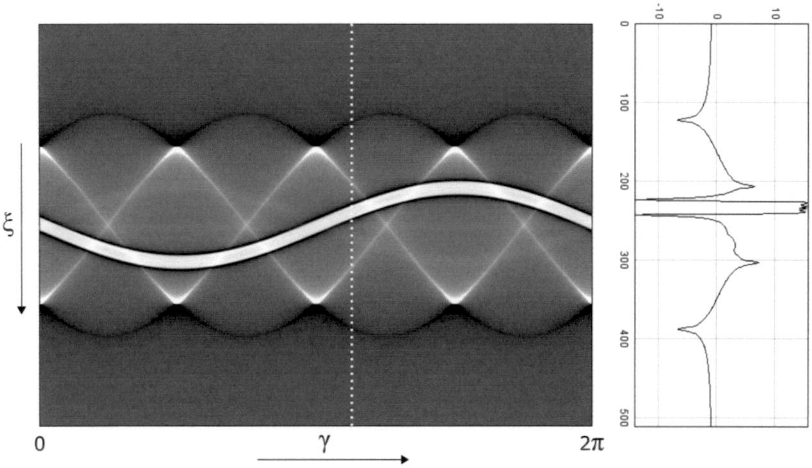

Abb. 3.9: links: Sinogramm aus Abb. 3.2, gefiltert mit Rampen-Filter $|q|$; rechts: Grauwertprofil entlang der gepunkteten Linie im gefilterten Sinogramm

Da diese verstärkten Kanten besonders bei großen Winkelschritten auch zu einer Überbetonung der Kanten im Tomogramm führen und Rauschen verstärkt wird, ist man dazu übergegangen die Wichtungsfunktion $G(q)$ zu variieren.

Diese empirische Modifikation stellt eine Abweichung zur pragmatisch abgeleiteten Berechnungsvorschrift dar, bietet jedoch die Möglichkeit, bereits während der Rekonstruktion einen Kompromiss zwischen Kantenschärfe und Signal-Rausch-Verhältnis festzulegen. Ramachandran und Lakshminarayanan [Ramachandran1971] führten dazu die Cutoff-Frequenz ε ein, mit der hohe Frequenzen ausgeschlossen werden, da sie nur Rauschen beinhalten und keinen nutzenbringenden Beitrag zur Bildinformation liefern. Außerdem entstanden eine Reihe nichtlinearer Wichtungsfunktionen, die hin zu hohen Frequenzen ein degressives Verhalten zeigen oder nach dem Durchlaufen eines Maximums stetig auf Null abfallen. Von diesen Wichtungsfunktionen wird der Shepp-Logan-Filter [Shepp1974] besonders häufig verwendet, da mit diesem ein besonders günstiger Kompromiss zwischen Kantenschärfe und Rauschunterdrückung erzielt wird.

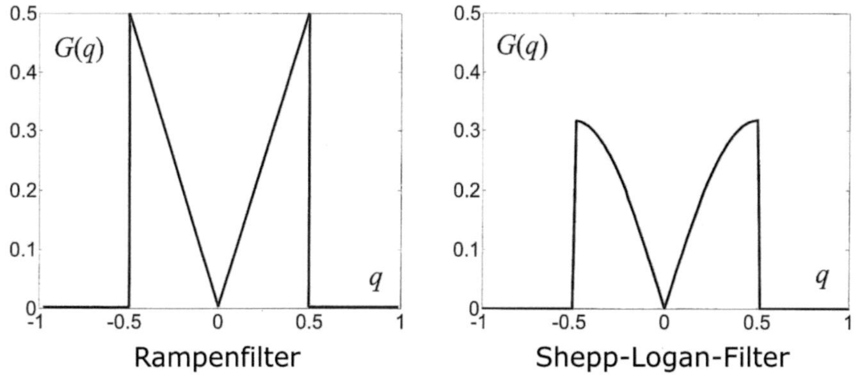

Abb. 3.10: zwei Beispiele für verbreitete Wichtungsfunktionen bei Cutoff-Frequenz ε=0,5 [Buzug2005]

Im dritten Schritt - der Rückprojektion - wird der Messprozess umgekehrt. Dazu werden die gefilterten Projektionen entlang der Strahlen bei der Aufnahme der dazugehörigen Projektionen in ein Bild geschrieben und für alle Projektionswinkel aufsummiert. So entsteht iterativ mit zunehmender Anzahl von Projektionen das Tomogramm, wie in Abb. 3.11 illustriert. In der praktischen Realisierung wird hier ein sogenanntes *Target-to-Source Mapping* durchgeführt. Das heißt, dass für jeden Bildpunkt im Tomogramm (Target) der Beitrag des korrespondierenden Bildpunktes im Sinogramm (Source) berechnet wird. Es ist also in drei for-Schleifen für alle *x*- und *y*-Positionen sowie alle Projektionswinkel γ Gleichung (3.16) zu lösen, um diese Punkte im Sinogramm zu bestimmen. ξ ist in der Regel ungeradzahlig, sodass $h_\gamma(\xi)$ durch lineare Interpolation aus den diskreten Daten des Sinogramms zu ermitteln ist. Wie in Abb. 3.11 gezeigt, entsteht so ein Abbild der Probe, deren Konturen mit zunehmender Anzahl *N* von Projektionen exakter abgebildet werden.

$N = 1$ $N = 6$ $N = 40$

Abb. 3.11: Illustration der gefilterten Rückprojektion für Parallelstrahlgeometrie für zunehmende Anzahl N an Projektionswinkeln

Das Ergebnis dieser Prozedur ist ein digitales Bild, dessen Grauwerte jedoch nicht dem Schwächungskoeffizienten μ entsprechen, sondern Werten, die proportional zu diesem sind.

Die Bestimmung der räumlichen Verteilung $f(x,y,z)$ kann bei paralleler Strahlung einfach durch schichtweise Durchführung der 2D-Rekonstruktion erfolgen.

Durch entsprechendes Umformen kann dieses Rekonstruktionsverfahren auch in die Form der Radon'schen Originallösung gebracht werden [Buzug2005], die jedoch weniger anschaulich ist, weshalb hier nicht näher darauf eingegangen wird.

3.3.2 Fächer- und Kegelstrahlgeometrie

In Laboranlagen mit Röntgenröhren ist die Strahlung kegelförmig. Dies ermöglicht das Einstellen von Vergrößerungen und somit höhere Auflösungen, jedoch muss die Geometrie des Strahlenverlaufs auch bei der Rekonstruktion berücksichtigt werden. Dies soll zunächst für den einfacheren zweidimensionalen Fall der Fächerstrahlgeometrie erläutert werden. Um den Unterschied auch in der Nomenklatur herauszustellen wird bei Kegel- und Fächerstrahlgeometrie der Projektionswinkel des Zentralstrahles mit θ und die Wegkoordinate auf dem Detektor mit ζ bezeichnet. Bei fächerförmiger Strahlung gibt es dafür zwei Strategien. Die erste ist das *rebinning*, wobei die Daten der Projektionen in die Form der Parallelstrahlgeometrie gebracht werden.

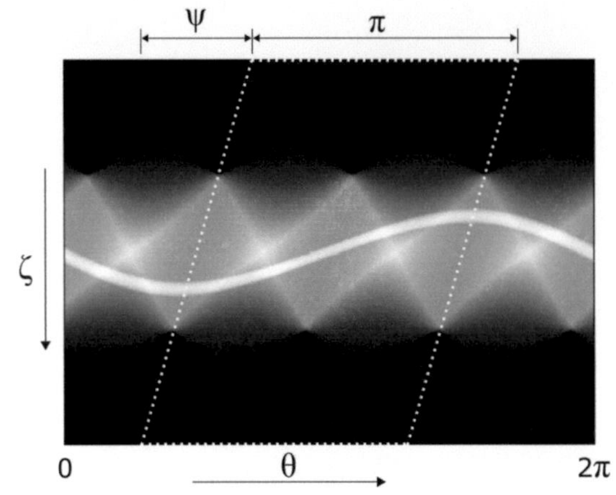

Abb. 3.12: Sinogramm des Modellbildes in Abb. 3.2 für Fächerstrahlgeometrie mit Öffnungswinkel ψ = 53°

Der gedankliche Ansatz ist dabei, dass jeder Strahl des Strahlenfächers einem Einzelstrahl einer Parallelstrahlquelle unter einem anderen Projektionswinkel und an einer anderen Detektorposition entspricht. Es ist also ein Umsortieren der Projektionsdaten erforderlich, dem sich dann eine Parallelstrahlrekonstruktion anschließt. Das Umsortieren wird durch eine Scherung des Sinogramms um den Öffnungswinkel ψ des Strahlenfächers realisiert. Die aufgrund der Kegelstrahlgeometrie verzerrten Sinuslinien, die in Abb. 3.12 zu sehen sind, werden so wieder in eine exakte Sinusform gebracht.

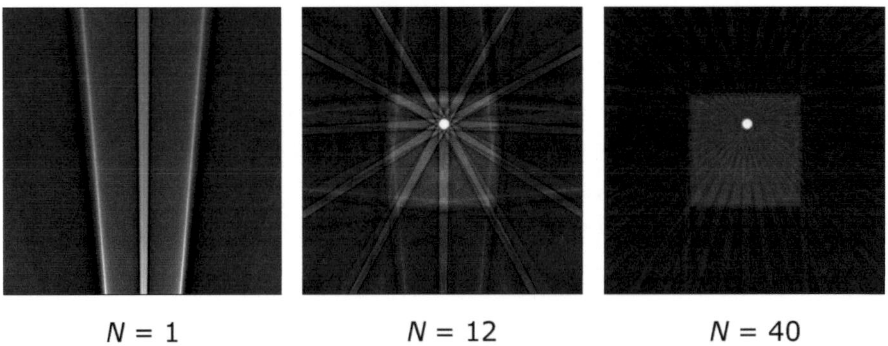

Abb. 3.13: Illustration der gefilterten Rückprojektion für Fächerstrahlgeometrie für zunehmende Anzahl N an Projektionswinkeln

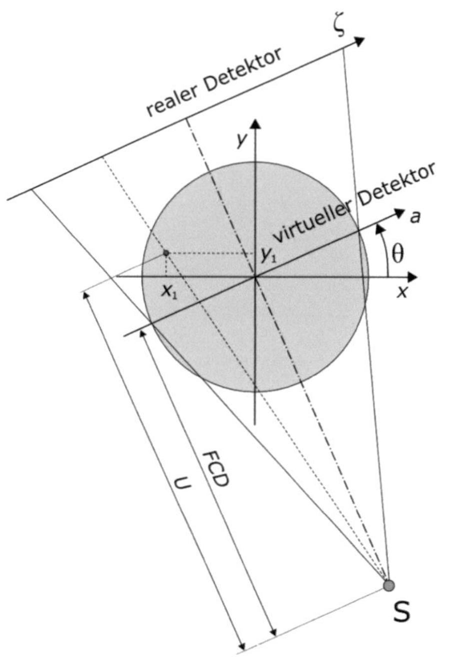

Abb. 3.14: Koordinatensysteme und Distanzen bei Fächerstrahlgeometrie

Der Scan-Winkel muss bei dieser Methode mindestens 180° + ψ betragen, damit nach der Scherung ein vollständiger Datensatz über 180° vorliegt.

Die zweite Methode besteht in der direkten Rückprojektion unter Berücksichtigung des fächerförmigen Strahlengangs, was in Abb. 3.13 gezeigt ist. Dafür ist ein vollständiger 360°-Scan erforderlich, da zwei um 180° versetzte Projektionen auch nach einem Spiegeln unterschiedliche Informationen enthalten. Um den Rechengang übersichtlicher zu gestalten, bezieht man sich hier meist auf einen virtuellen Detektor mit der Wegkoordinate *a*, was bedeutet, dass der reale Detektor unter Berücksichtigung der Vergrößerung *M* in die Rotationsachse verschoben wird. Für die fächerförmige Rückprojektion wird Gleichung (3.16) der Parallelstrahlrekonstruktion lediglich um das Verhältnis der Distanzen *FCD* und *U* laut Abb. 3.14 erweitert und es werden die neuen Koordinatenbezeichungen eingesetzt, sodass sich folgende Berechnungsvorschrift ergibt:

$$a = \frac{FCD}{U} \cdot \left(x \cdot \cos(\theta) + y \cdot \sin(\theta) \right) \tag{3.20}$$

mit

$$U = FCD - x \cdot \sin(\theta) + y \cdot \cos(\theta) \tag{3.21}$$

Bei diesem Verfahren sind zudem an zwei Stellen Wichtungen durchzuführen. Zum einen werden die Projektionen vor dem Filtern gewichtet, um den Effekt zu kompensieren, dass Bildpunkte außerhalb der Mittenachse stärker vergrößert werden. Somit ist Gleichung (3.19) für Parallelstrahlgeometrie um einen Faktor zu Gleichung (3.22) zu erweitern.

$$h_\theta(a) = \left(p_\theta(a) \cdot \frac{FCD}{\sqrt{a^2 + FCD^2}}\right) * g(a) \tag{3.22}$$

Zum anderen ist für jeden Bildpunkt bei der Rückprojektion eine Wichtung mit (FCD^2 / U^2) durchzuführen, die wieder gleichbedeutend mit einer Jacobi-Determinante ist und als Signalstärke interpretiert werden kann, die abnimmt, je weiter ein Bildpunkt von der Strahlungsquelle entfernt ist. Daraus ergibt sich für die Rückprojektion folgende Gleichung:

$$f(x,y) = \int_0^{2\pi} \frac{FCD^2}{U^2} \cdot h_\theta(a)\, d\theta \tag{3.23}$$

Wie die meisten Labortomographieanlagen hat die Tomographieanlage, die für die Messungen am Filtrationsexperiment verwendet wurde, einen flächigen Detektor. Es liegt also eine Kegelstrahlgeometrie vor, die aufgrund der hohen Verbreitung solcher Anlagen den bedeutsamsten Fall darstellt. Ein *rebinning* ist hier nicht mehr möglich, da außerhalb der horizontalen Ebene, die durch die Zentralstrahlen aufgespannt wird, keine Strahlen existieren, die durch Umsortieren in den parallelen Fall überführt werden können. Somit verbleibt der zweite Ansatz, die kegelförmige Rückprojektion. Dies wurde ursprünglich von **F**eldkamp, **D**avis und **K**ress [Feldkamp1984] vorgeschlagen, weshalb dieses Rekonstruktionsverfahren auch entsprechend den Anfangsbuchstaben als FDK-Algorithmus bezeichnet wird. Die zuvor beschriebene Fächerstrahlrekonstruktion ist der vereinfachte zweidimensionale Fall dieses Verfahrens. Abb. 3.15a zeigt schematische die Rückprojektion für einen Projektionswinkel, wodurch zwei Aspekte der Kegelstrahlrekonstruktion verdeutlicht werden. Zum einen existieren hier Bereiche im Rekonstruktionsvolumen $f(x,y,z)$, die nur unter bestimmten Projektionswinkeln durchstrahlt werden.

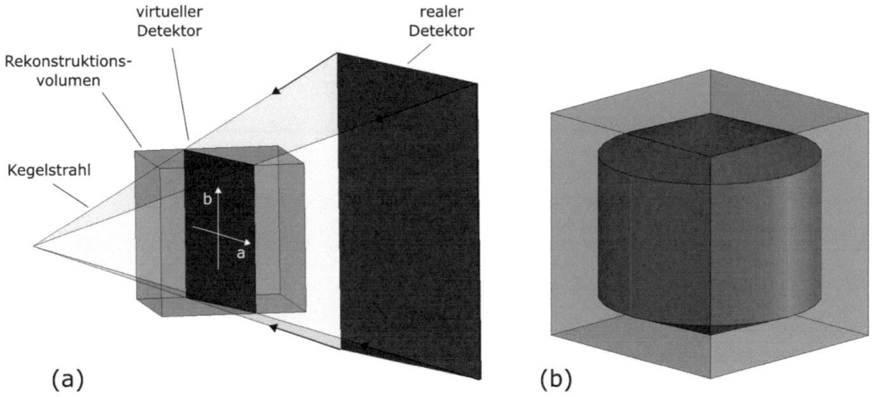

Abb. 3.15: Strahlengang bei der Rückprojektion (a) und fehlerfrei rekonstruiertes Volumen (b) bei Kegelstrahlgeometrie

Dort ist die von Radon formulierte Bedingung nicht erfüllt, weshalb diese Bildbereiche auch fehlerbehaftet rekonstruiert werden und dementsprechend von der anschließenden Auswertung auszuschließen sind. Das fehlerfrei rekonstruierte Volumen ist in Abb. 3.15b dunkel dargestellt. Zum anderen können die dreidimensionalen Bilder hier nicht mehr, wie bei der Parallelstrahlgeometrie, durch eine schichtweise zweidimensionale Rekonstruktion berechnet werden, da die Projektionen unter einem Winkel einen Beitrag zu mehreren Schichten liefern. Dies erhöht die Anforderungen hinsichtlich des Speicherbedarfs an den Rekonstruktionsrechner.

Ansonsten ist der Rechengang analog zur Fächerstrahlrekonstruktion, erweitert um die dritte Dimension z im Rekonstruktionsvolumen und die vertikale Koordinate b auf dem virtuellen Detektor. Das Filtern der Projektionen erfolgt durch zeilenweise Fouriertransformation, Wichtung mit $G(q)$ und anschließender Rücktransformation. Die Projektionen werden zuvor unter Berücksichtigung von a und b gewichtet, sodass die Berechnung der gefilterten Projektionen $h_\theta(a,b)$ nach folgender Gleichung durchgeführt wird:

$$h_\theta(a,b) = \left(p_\theta(a,b)\cdot \frac{FCD}{\sqrt{a^2+b^2+FCD^2}}\right) * g(a) \tag{3.24}$$

Zur Zuordnung zwischen Punkten im Rekonstruktionsvolumen und Punkten auf dem virtuellen Detektor unter Berücksichtigung der Kegelstrahlgeometrie sind nun a und b als Funktionen von x, y, z und θ gesucht. a ist unabhängig von z und kann wie bei der Fächerstrahlgeometrie nach Gleichung (3.20) bestimmt werden. Die Strecke U ist die Projektion eines Punktes auf den Zentralstrahl und somit ebenfalls unabhängig von z, sodass Gleichung (3.21) auch unmittelbar übernommen werden kann. Lediglich die vertikale Koordinate b ist z-abhängig und wird wie folgt berechnet:

$$b = \frac{FCD}{U} \cdot z \tag{3.25}$$

Mit diesen drei Gleichungen kann für jeden Bildpunkt und für jeden Projektionswinkel der Beitrag aus der jeweiligen gefilterten Projektion durch lineare Interpolation ermittelt werden. Außerdem ist wie bei der Fächerstrahlrekonstruktion eine Wichtung bei der Rückprojektion durchzuführen, sodass diese für die Kegelstrahlgeometrie folgendermaßen formuliert ist:

$$f(x,y,z) = \int_0^{2\pi} \frac{FCD^2}{U^2} \cdot h_\theta(a(x,y,\theta), b(x,y,z,\theta)) \, d\theta \tag{3.26}$$

Dieser Rekonstruktionsalgorithmus ist seit ca. dreißig Jahren bekannt und bildet noch heute - algebraische Verfahren ausgenommen - die Grundlage der Kegelstrahlrekonstruktion und wurde auch für die softwaretechnische Realisierung in der vorliegenden Arbeit verwendet.

3.3.3 Rekonstruktionssoftware

Zu Beginn des Projektes wurde die Kegelstrahlrekonstruktion mit der kommerziellen Software *VG Studio Max* [VGS2013] durchgeführt. Es zeigte sich jedoch schnell, dass für die erforderliche Transparenz und Anpassungsfähigkeit sowie die Möglichkeit der unbeschränkten Vervielfältigung individuelle Lösungen von Vorteil sind. Deshalb wurde eine Rekonstruktionssoftware entwickelt, die in zwei Modulen - *wxPreProcessing* und *wxConeBeamReco* - ausgeführt ist. Mit *wxPreProcessing* werden aus den Rohdaten die Projektionen berechnet und es wird eine Parameterdatei mit allen für die Rekonstruktion erforderlichen Daten erstellt. Das Modul *wxConeBeamReco* führt auf Grundlage dieser Parameterdatei die Kegelstrahlrekonstruktion nach dem FDK-Algorithmus durch und liefert als Ergebnis die Tomogramme als TIF-Bildstapel mit einer 32bit (float) Grauwertauflösung.

Der Code wurde in *C++* für *Linux* geschrieben und sieht zwei Möglichkeiten der Parallelisierung vor, die entweder unter Verwendung der Bibliothek *openMP* auf Mehr-Kern-Prozessoren (CPU) realisiert ist oder mit *openCL* auf Graphikkarten (GPU).

Beide Module verfügen über eine graphische Oberfläche (GUI) und erlauben eine Stapelverarbeitung, was maßgeblich zur Effizienzsteigerung beiträgt. Die in Abschnitt 4 beschriebenen Kalibriermaßnahmen sind als Optionen integriert und fehlerhafte Bildpunkte werden durch interpolierte Werte aus den umliegenden Pixeln ersetzt. Dauerhaft beschädigte Detektorpixel werden dazu in einer Pixelmap hinterlegt und sporadische Ausfälle einzelner Pixel - sogenannte Blinker - werden automatisch erkannt. Außerdem werden vertikaler und horizontaler Detektorversatz sowie die Detektorneigung bei der Rückprojektion berücksichtigt.

Die Rechenzeiten bei der CPU-basierten Variante sind derzeit etwa zwei- bis viermal so lang wie die der kommerziellen Alternative, was jedoch durch die Möglichkeit der Stapelverarbeitung ausgeglichen wird. Durch die Parallelisierung auf der GPU konnte gegenüber der CPU-Variante eine signifikante Verkürzung der Rechenzeit erzielt werden. Mit einer handelsüblichen Gamer-Graphikkarte HD7970 wurde eine 100fache Beschleunigung für 2D-Rekonstruktionen und eine 30fache für 3D-Rekonstruktionen gegenüber der Rechnung auf einem 8-Kern-Prozessor i7-3770K erreicht. Dass diese Beschleunigung nicht 1:1 auf große Datensätze übertragen werden kann ist dadurch begründet, dass die Zeiten für das Schreiben und Lesen der Daten sowie für den Transfer zwischen RAM und Graphikkartenspeicher durch die Parallelisierung nicht verkürzt werden und in der GPU-Variante etwa die Hälfte der Gesamtprozessdauer ausmachen.

Dieses erhebliche Potential kostengünstiger Ressourcen ermöglicht perspektivisch die Umsetzung sowie den breiten Einsatz rechenaufwendigerer algebraischer Rekonstruktionsverfahren bei akzeptablen Rekonstruktionszeiten.

3.4 Artefakte

Die so gewonnenen Bilddaten weisen in der Regel Artefakte auf. Artefakte sind Bildfehler, die aufgrund des Mess- und/oder Rekonstruktionsverfahrens entstehen und eine quantitative Analyse der Tomogramme zum Teil erheblich erschweren. Im Weiteren soll auf drei typische Artefakte eingegangen werden, die im Zusammenhang mit den durchgeführten Messungen beobachtet wurden.

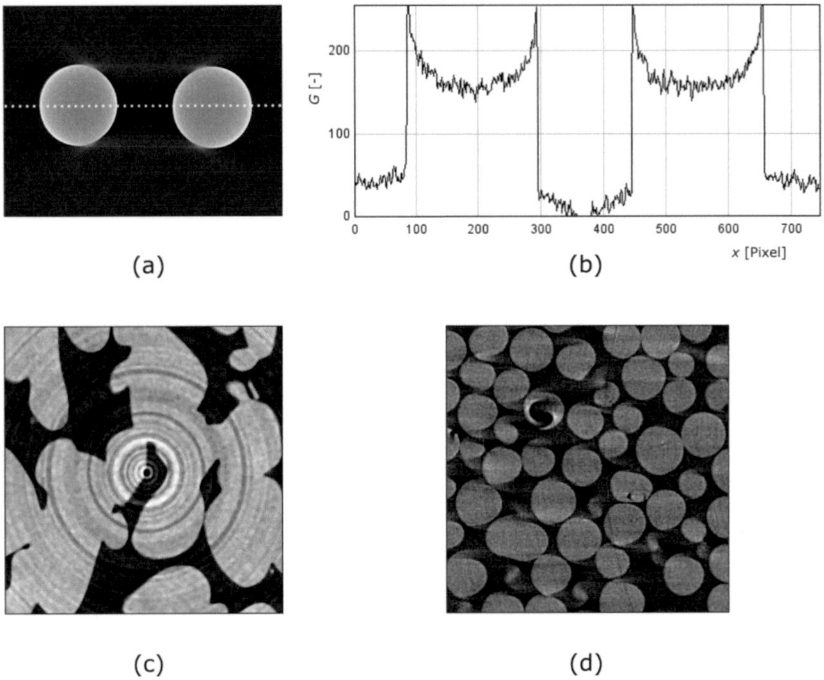

Abb. 3.16: typische Artefakte bei der Röntgentomographie: (a) - Strahlaufhärtungsartefakte im Tomogramm von zwei Aluminiumbolzen, (b) - Plot entlang der Linie in (a), (c) – Ringartefakte im Tomogramm einer Glasfritte, (d) - Bewegungsartefakte im Tomogramm einer Glaskugelschüttung

Das größte Problem bei der Verwendung polychromatischer Strahlung sind **Strahlaufhärtungsartefakte**. Aufgrund der Energieabhängigkeit des Schwächungskoeffizienten μ wird niederenergetische Strahlung beim Durchdringen der Probe stärker geschwächt. Betrachtet man einen zeilenförmigen Ausschnitt der Probe entlang eines Strahls wird deutlich, dass Photonen mit geringer Energie nach dem Eindringen überproportional stark geschwächt bzw. komplett absorbiert werden, sodass hauptsächlich die höherenergetischen Strahlungsanteile die Probe durchdringen und detektiert werden. Dies führt zu einer nichtlinearen und dickenabhängigen Gesamtschwächung p, wobei diese Nichtlinearität bei der Rekonstruktion unberücksichtigt bleibt. Die Artefakte, die daraus resultieren, sind stark von der Probengeometrie abhängig. Besonders typisch ist das in Abb. 3.16a,b gezeigte *cupping* bei zylindrischen Proben, wo in den Randbereichen höhere Grauwerte vorliegen als im Inneren. Auch die dort zu erkennenden Streifenartefakte sind auf eine Strahlaufhärtung zurückzuführen. Je stärker eine Probe absorbiert, also je höher deren Ordungszahl und Dichte ist, desto ausgeprägter sind auch die Strahlaufhärtungsartefakte.

Eine Möglichkeit dem Problem entgegenzuwirken ist die Verwendung von Vorfiltern, meist aus Aluminium oder Kupfer. Dort werden die niederenergetischen Strahlungsanteile vor dem Durchstrahlen der Probe herausgefiltert, jedoch wird dabei auch die Gesamtintensität der Strahlung geschwächt. Diese Maßnahme führt bestenfalls zu einer Reduzierung der Strahlaufhärtung, wobei an der verwendeten Laboranlage kaum eine Verbesserung durch den Einsatz von Vorfiltern beobachtet werden konnte. Eine elegantere Alternative ist die Berücksichtigung der Nichtlinearität durch entsprechende Kalibrierungen, was in Abschnitt 4.3 näher erläutert wird.

Ringartefakte stellen sich in Form von konzentrischen Kreisen dar und sind auf unterschiedliche Sensitivitäten der einzelnen Pixel des Detektors zurückzuführen. Der Extremfall ist dabei ein defektes Pixel, was zu einem sehr ausgeprägten Ringartefakt führt. Am Beispiel in Abb. 3.16c ist deutlich zu erkennen, dass Ringartefakte besonders stark um das Rotationszentrum auftreten. Um Ringartefakte zu reduzieren sind Werte defekter Pixel durch Interpolation aus den umliegenden zu ersetzen. Ebenso führt eine Kalibrierung des Detektors, die in Abschnitt 4.4 erläutert wird zu einer deutlichen Reduzierung solcher Artefakte. Prinzipiell besteht darüber hinaus die Möglichkeit mit digitaler Bildverarbeitung die Artefakte nachträglich zu entfernen oder durch ein Verfahren des Detektors während der Messung mit entsprechend hohem Mehraufwand von vornherein zu vermeiden.

Verändert sich die Form oder Lage der Probe während der Messung, führt dies zu **Bewegungsartefakten**. Abb. 3.16d zeigt das am Beispiel einer Glaskugelschüttung, bei der es infolge zu hoher Beschleunigungen beim Verfahren der Probe zu einer Veränderung der Kugelpositionen kam. Bewegungsartefakte sind in der Materialuntersuchung in der Regel durch angepasste Beschleunigungen vermeidbar. Bei der Untersuchung dynamischer Prozesse ist ein Kompromiss zwischen Prozessgeschwindigkeit und Scanzeit zu finden. Da eine Verkürzung der Scanzeit zu einer Verschlechterung der Bildqualität führt, muss der Prozess ggf. für die Tomographiemessung angehalten werden, wie es auch im Fall der Filtrationsmessungen erforderlich war.

4 Kalibrierung

Nachdem im vorangegangenen Abschnitt die Grundlagen der Röntgentomographie, insbesondere die der Rekonstruktion, erläutert wurden, sollen hier einige Kalibrationsverfahren näher beschrieben werden, die zusätzlich angewendet wurden um die Reproduzierbarkeit und Bildqualität der Tomogramme zu verbessern. Dabei handelt es sich um Maßnahmen, die unabhängig von den Untersuchungen am Filtrationsexperiment für beliebige Tomographiemessungen durchgeführt werden können und somit von allgemeinem messtechnischen Interesse sind.

4.1 Bestimmung des Rotationszentrums

Für ein optimales Rekonstruktionsergebnis ist die Kenntnis der exakten Position des Detektors und der Rotationsachse relativ zum Zentralstrahl des Strahlenkegels der Röntgenröhre erforderlich. Limitiert durch die Justagemöglichkeiten ist eine perfekte Ausrichtung des Detektors nicht möglich, sodass horizontaler und vertikaler Versatz sowie die Detektorneigung zunächst ermittelt und dann bei der Rekonstruktion berücksichtigt werden müssen.

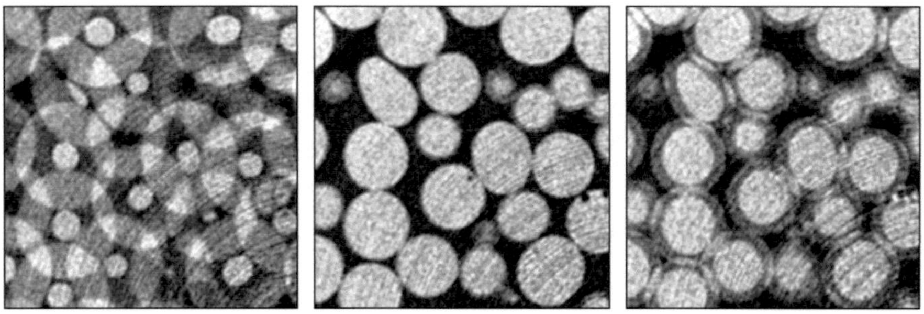

Abb. 4.1: horizontale Schichten eines Tomogramms einer Glaskugelschüttung, rekonstruiert mit einem Achsversatz von 0,0 px (links), 12,0 px (Mitte) und 15,0 px (rechts)

Diese Offsetwerte sind bei jeder Messung gleich und wurden mit Hilfe eines Dorns bestimmt. Problematischer ist die Bestimmung des horizontalen Achsversatzes, da dieser aufgrund der Positioniergenauigkeit des Probenmanipulators ebenfalls nicht exakt eingestellt werden kann und somit für unterschiedliche Messungen nicht konstant ist. Dieser Offset muss deshalb vor der Rekonstruktion jedes Tomogramms neu ermittelt werden. Weicht der Offset nur um wenige Pixel ab, hat das erhebliche Folgen für die Bildqualität der Tomogramme und äußert sich, wie in Abb. 4.1 gezeigt, in einer Kantendopplung.

Zur Bestimmung des Achsversatzes wurde zunächst die vergleichsweise einfache Methode von Gullberg [Gullberg1986] angewendet, bei der aus dem Sinogramm in der horizontalen Symmetrieebene des Kegelstrahls für jeden Projektionswinkel θ der Flächenschwerpunkt ζ_S entsprechend Gleichung (4.1) bestimmt wird.

$$\zeta_S = \frac{\int \zeta \cdot p(\xi) \mathrm{d}\zeta}{\int p(\xi) \mathrm{d}\zeta} \tag{4.1}$$

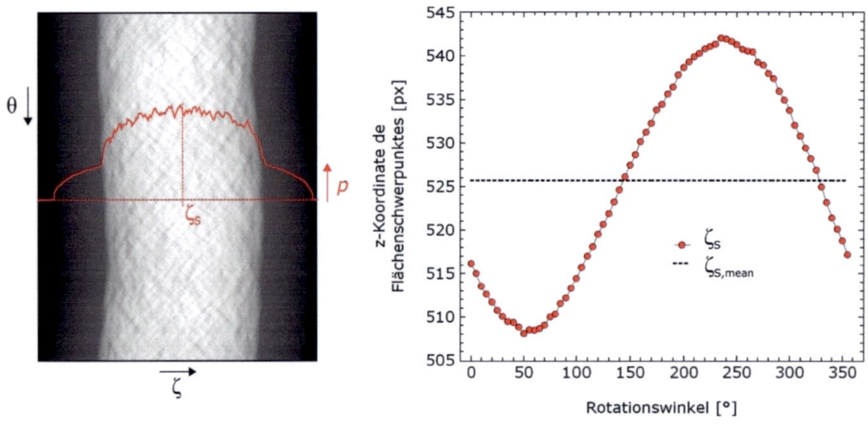

Abb. 4.2: links: Sinogramm des Modellfilters bei einem Scanwinkel von 360°
rechts: Verlauf der ζ-Koordinate des Flächenschwerpunktes im Sinogramm

Wie in Abb. 4.2 dargestellt ist, beschreibt $\zeta_S(\theta)$ eine harmonische Schwingung um das Rotationszentrum. Bei einem 360°-Scan ist dieses der Mittelwert $\zeta_{S,mean}$ von $\zeta_S(\theta)$, sodass der horizontale Versatz die Differenz zwischen der halben

Detektorbreite und $\zeta_{S,mean}$ ist. Wie schon in anderen Arbeiten [Donath2006] bestätigt, weist diese Methode eine Abweichung von 1 bis 2 Pixeln auf, was zu inakzeptablen Ergebnissen führt. Die Hauptursache für diese Abweichung wird im Bildrauschen und der Nichtberücksichtigung der Detektorneigung gesehen. Das Verfahren von Gullberg liefert jedoch eine ungefähre Abschätzung des Achsversatzes, von dem ausgehend das exakte Rotationszentrum bestimmt werden kann. Dazu wird mit geringem Rechenaufwand eine Serie von 2D-Rekonstruktionen erstellt, bei denen der Achsoffset über einem Bereich von ± 5 Pixeln mit einer Schrittweite von 0,1 Pixel variiert. Durch eine subjektive Beurteilung dieser Bildserie wird daraufhin der optimale Wert für den Achsversatz ausgewählt und für die rechenaufwendigere 3D-Rekonstruktion verwendet.

4.2 Grauwertanpassung

In Voruntersuchungen zeigte sich, dass die Tomogramme trotz identischer Scan- und Rekonstruktionsparameter für gleiche Materialien zum Teil stark von einander abweichende Grauwerte aufweisen. Dies wurde speziell bei dem Zusammensetzen der Bilder aus mehreren Einzelmessungen von hohen Proben deutlich. Somit ist eine Vergleichbarkeit der Messungen ohne einen zusätzlichen Kalibrationsschritt nicht möglich. Auf dieses Problem wurde reagiert, indem die Bilddaten nach der Rekonstruktion mit einer linearen Grauwertanpassung kalibriert wurden, sodass Grauwerte, die bestimmte Materialien repräsentieren, denen eines vorher festgelegten Referenztomogramms entsprechen. Dazu ist es erforderlich, dass in jedem Tomogramm immer zwei Stoffe möglichst großvolumig vorliegen. Die mittleren Grauwerte dieser Stoffe bilden die Stützstellen für die Kalibrierung aus denen dann entsprechend Gleichung (4.2) und (4.3) die Korrekturwerte K_W und K_L für die Grauwertanpassung mit (4.4) ermittelt werden.

$$K_W = \frac{GW_{ref,2} - GW_{ref,1}}{GW_{unk,2} - GW_{unk,1}} \tag{4.2}$$

$$K_L = GW_{ref,1} - K_W \cdot GW_{unk,1} \tag{4.3}$$

$$G_{kal} = K_W \cdot G_{unk} - K_L \tag{4.4}$$

Das Prinzip wird bei der Betrachtung des Histogramms vor und nach der Kalibrierung deutlich, welches für ein Beispiel in Abb. 4.3 gezeigt ist.

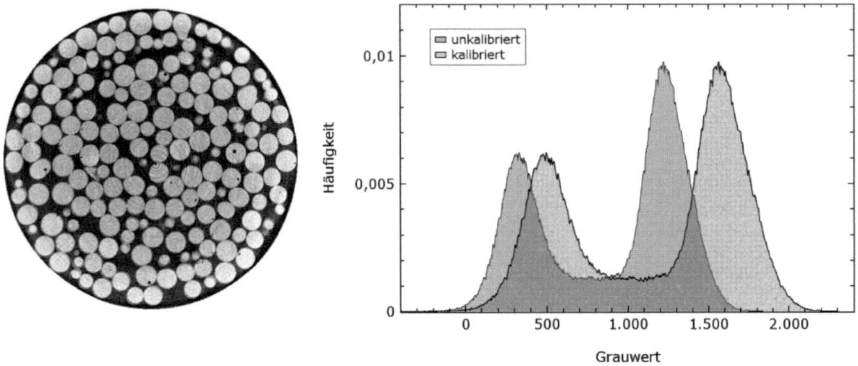

Abb. 4.3: links: horizontale Schicht eines Tomogramms einer Glaskugelschüttung
rechts: Histogramm dieses Tomogramms vor und nach der Grauwertanpassung

4.3 Kompensation der nichtlinearen Schwächung polychromatischer Strahlung bei 1-Material-Systemen

Während bei der Verwendung monochromatischer Strahlung für 1-Material-Systeme die Schwächung *m* proportional zur Dicke *t* des Objekts entlang des Strahls ist, besteht aufgrund der Energieabhängigkeit des linearen Schwächungskoeffizienten μ bei polychromatischer Strahlung ein nichtlineares Abhängigkeitsverhältnis zwischen der Schwächung *p* und der Objektdicke. Bleibt dies bei der Rekonstruktion unberücksichtigt, führt dass zu Strahlaufhärtungsartefakten die in Abschnitt 3.3 beschrieben sind. Der Zusammenhang zwischen Probendicke und Schwächung kann jedoch aus den Projektionen von Kalibrierobjekten mit bekannter und möglichst einfacher Geometrie in Form einer Kalibrierfunktion $t(p)$ bestimmt werden. Mit dieser Kalibrierfunktion ist es möglich, aus den Projektionen äquivalente Dickenbilder zu berechnen, mit denen dann die Rekonstruktion durchgeführt wird, welche Tomogramme ohne Strahlaufhärtungsartefakte liefert. Die Literaturrecherche ergab, dass dieses von Herman [Herman1979] entwickelte Verfahren bereits mehrfach [Krumm2008, Kasperl2005] erfolgreich angewendet wurde und obwohl es nicht unmittelbar auf die Problemstellung des Mehr-Material-Systems im Filtrationsexperiment übertragen werden kann, ist diese Methodik von allgemeinem messtechnischen Interesse und wurde deshalb näher betrachtet. Da derzeit am Lehrstuhl auch Untersuchungen an Aluminiumschäumen durchgeführt werden und dabei die Tomographiemessungen stark von der Strahlaufhärtung beeinträchtigt sind, wurde diese Form der Kalibrierung für Aluminium näher untersucht. Dazu wurde ein Keil mit einer Dicke von 19 mm und einem Öffnungswinkel von $\alpha_K = 33{,}2°$ entsprechend Abb. 4.4 in den Strahlengang eingebracht. Aus Kegelstrahl- und Keilgeometrie konnten nach Gleichung (4.5) bis (4.8) jedem Bildpunkt in der mittleren Spalte der Projektionen die durchstrahlte Materialdicke des Keils zugeordnet werden.

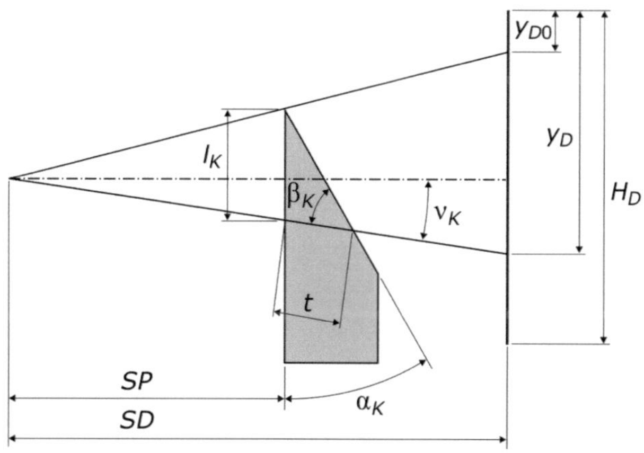

Abb. 4.4: Geometriegrößen eines Keils im kegelförmigen Strahlengang

$$\nu_K = \arctan\left(\frac{\frac{H_D}{2} - y_D}{SD}\right) \tag{4.5}$$

$$l_K = \frac{SP \cdot (y_D - y_{D0})}{SD} \tag{4.6}$$

$$\beta_K = \frac{\pi}{2} + \nu_K - \alpha_K \tag{4.7}$$

$$t = l_K \cdot \frac{\sin\alpha_K}{\sin\beta_K} \tag{4.8}$$

Die Untersuchungen ergaben, dass das Schwächungsprofil des Keils neben dem Targetmaterial und dem Keilmaterial selbst ausschließlich von der gewählten Beschleunigungsspannung, hier 90 kV, abhängig ist und wie erwartet ein nichtlineares Verhalten zeigt, welches in Abb. 4.5 und 4.6 deutlich zu erkennen ist. Als Ansätze für die Kalibrierfunktionen haben sich die Formulierungen nach Gleichung (4.9) und (4.10) bewährt, deren Koeffizienten durch Fitten der Messwerte zu bestimmen sind.

$$t(p) = a_1 \cdot p^2 + a_2 \cdot p \tag{4.9}$$

$$p(t) = b_1 \cdot \sqrt{b_2 \cdot t} + b_3 \cdot \ln(b_4 \cdot t + 1) \tag{4.10}$$

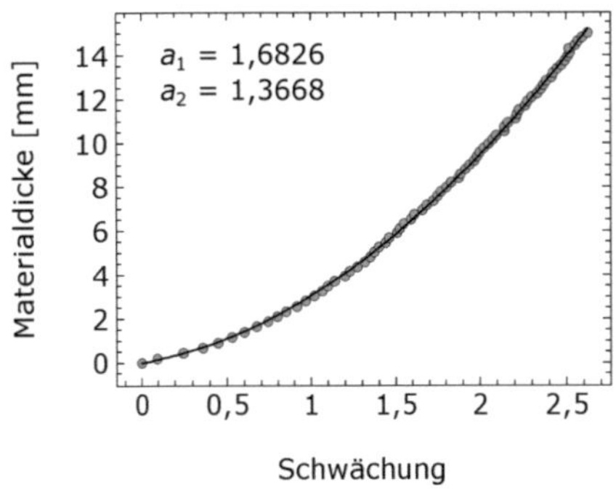

Abb. 4.5: Materialstärke von Aluminium in Abhängigkeit der Schwächung bei 90 kV

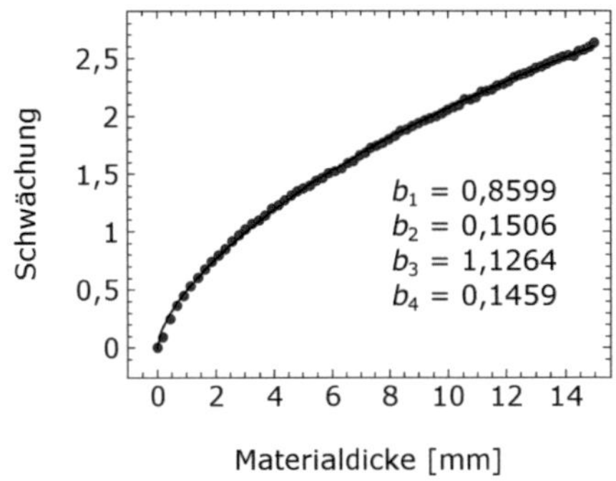

Abb. 4.6: Schwächung von Aluminium in Abhängigkeit der Materialstärke bei 90 kV

Das Ergebnis der Rekonstruktionen aus den mit der Kalibrierfunktion berechneten Dickenbildern ist an dem Beispiel von zwei Aluminiumstiften in Abb. 4.7 gezeigt, bei dem sonst die typischen Artefakte in Form von Streifen und *Cupping* sehr ausgeprägt zu beobachten sind. Man erkennt deutlich, dass diese Artefakte bei einer leichten Zunahme des Rauschens praktisch vollständig kompensiert werden. Dieses Kalibrierverfahren führte auch bei einer Reihe anderer Objekte stets zu einer Verbesserung der Bildqualität und konnte im Rahmen einer publikationsrelevanten Kooperation [Carlesso2013] erfolgreich auf keramische Proben angewendet werden. Außerdem ist es Voraussetzung für die im Weiteren vorgestellte Detektorkalibrierung und stellt die gedankliche Grundlage für die in Abschnitt 7.1.2 verfolgte Kalibriermethode für 3-Material-Systeme dar.

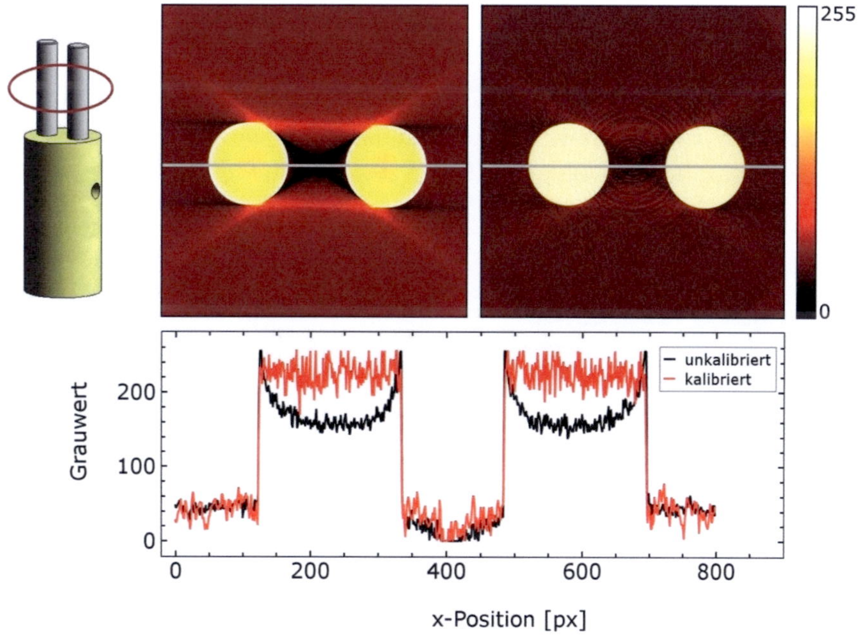

Abb. 4.7: Schichten der Tomogramme der Modellprobe (oben, links): links – unkalibriert, rechts – rekonstruiert aus Dickenbildern, die mit der Kalibrierfunktion (4.9) berechnet wurden, unten: Plot der Grauwerte entlang der Linien

4.4 Detektorkalibrierung

Bei der Inbetriebnahme des Detektors wurde festgestellt, dass dessen Empfindlichkeit in Abhängigkeit von der Pixelposition variiert. Die berechnete Schwächung entlang eines jeden Strahls ist demnach neben den Probenmaterialien und dem Energiespektrum auch positionsabhängig, was in erster Linie auf Schwankungen der Substratschichtdicke des Szintillators zurückgeführt wird. Da der Detektor aus 2x4 Segmenten aufgebaut ist, fiel diese Inhomogenität besonders auf und äußert sich speziell in Sprüngen an den Segmentübergängen, wie in Abb. 4.8 zu sehen ist. An diesen Übergängen treten demzufolge verstärkt Ringartefakte und Sprünge in den vertikalen Grauwertprofilen der Tomogramme auf. Die diesbezüglich von dem Detektorhersteller vorgeschlagene Gain-Kalibrierung, die auf die Absorptionsbilder anzuwenden ist und bei der für jedes Pixel aus dem Grauwert im I_0-Bild und dem mittleren Grauwert des I_0-Bildes ein Korrekturfaktor bestimmt wird, führte zu keiner zufriedenstellenden Kompensation dieses Effekts. Stattdessen wird eine Korrektur der Projektionen vorgenommen, bei der diese mit einer Korrekturmatrix multipliziert werden, deren Bestimmung im Weiteren näher erläutert wird.

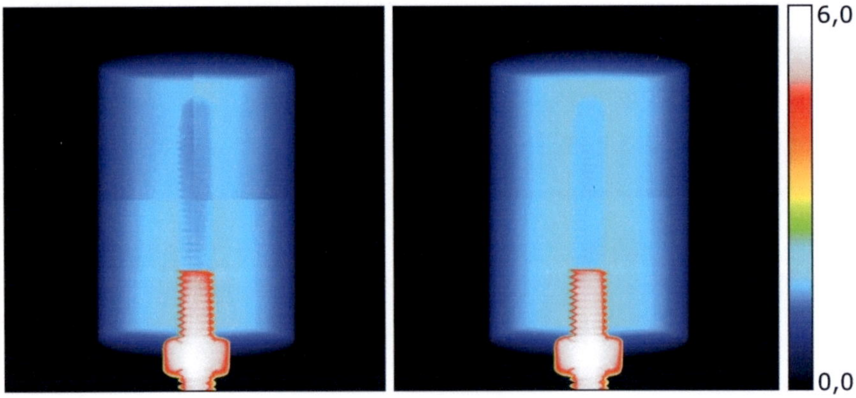

Abb. 4.8: Projektionen eines Acrylzylinders - links: unkalibriert, rechts: kalibriert mit der Korrekturmatrix

Die Korrekturmatrix ist ein Bild von der Größe des Detektors und wird für jedes Pixel allgemein als das Verhältnis von tatsächlicher Schwächung p_{SOLL} zu gemessener Schwächung p_{IST} definiert:

$$K_1 = \frac{p_{\text{SOLL}}}{p_{\text{IST}}} \tag{4.11}$$

Die Schwächung $p_{\text{IST}}(x,y)$ wurde mit einem Stufenkeil aus Aluminium laut Abb. 4.9 für verschiedene Materialdicken und Beschleunigungsspannungen ermittelt. Durch die Variation der Beschleunigungsspannung wurde auch ein möglicher Einfluss des Strahlungsspektrums auf die Korrekturmatrix betrachtet. Der Stufenkeil wurde schrittweise parallel zum Detektor verfahren, wobei stets Bereiche gleicher Dicke randlos abgebildet wurden. Zur Reduzierung von Rauscheinflüssen wurden sämtliche Bilder im Rahmen dieser Kalibrierprozedur aus 10 Einzelaufnahmen pixelweise gemittelt.

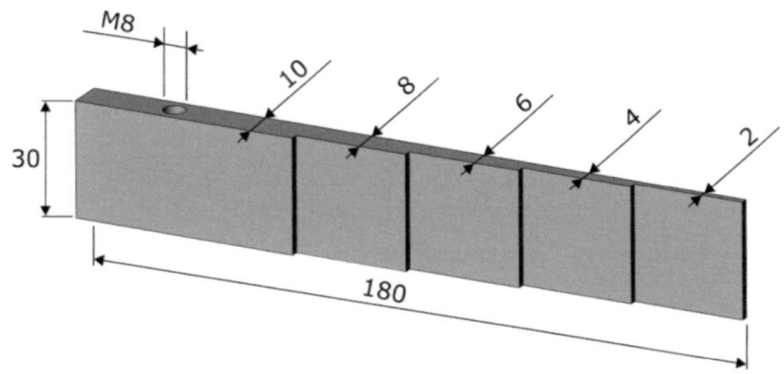

Abb. 4.9: Stufenkeil aus Aluminium zur Detektorkalibrierung

Die tatsächliche Schwächung $p_{\text{SOLL}}(x,y)$ wurde anhand einer Kalibrierfunktion $p(t)$ nach Gleichung (4.10) und der bekannten Materialdicke t des Stufenkeils berechnet. Aufgrund der Kegelstrahlgeometrie ist t in Abhängigkeit von der Position der Projektion auf dem Detektor nach Gleichung (4.12) und (4.13) zu ermitteln.

$$t = \frac{t_0}{\cos\beta} \tag{4.12}$$

$$\beta = \arctan\left(\frac{\sqrt{\left(x_D - \frac{B_D}{2}\right)^2 + \left(y_D - \frac{H_D}{2}\right)^2}}{SD}\right) \tag{4.13}$$

Die Kalibrierfunktionen $p(t)$ wurden, wie auch schon in Abschnitt 4.3 beschrieben, mit einem Aluminiumkeil bestimmt und sind auf Grund der Inhomogenität des unkalibrierten Detektors zunächst fehlerbehaftet. Deshalb wurden ausgehend von den fehlerhaften Kalibriermessungen vorläufige Kalibrierfunktionen und damit vorläufige Korrekturmatrizen bestimmt, die dann iterativ korrigiert wurden. Bereits nach drei Iterationen waren kaum noch Änderungen zu beobachten, sodass an dieser Stelle abgebrochen wurde und Korrekturmatrizen für 5 Materialdicken bei je 3 Beschleunigungsspannungen vorlagen. Diese zeigten nahezu identische Strukturen und es war kein Trend bezüglich Materialdicke oder Beschleunigungsspannung zu erkennen. Das heißt, die Detektorinhomogenität kann mit diesem Verfahren für unterschiedlich stark absorbierende Proben und für verschiedene Beschleunigungsspannungen mit nur einer Korrekturmatrix kompensiert werden, die durch Mittelwertbildung aus den vorliegenden 15 Korrekturmatrizen bestimmt wurde. In Abb. 4.8 ist eine unkalibrierte Projektion nach Multiplikation mit der Korrekturmatrix dargestellt und es ist deutlich zu erkennen, dass die Detektorstruktur darin nicht mehr sichtbar ist. Stichprobenartige Tests mit Datensätzen unterschiedlichster Proben mit variierenden Messparametern bestätigen das und führen zu Tomogrammen, in denen Ringartefakte wesentlich weniger stark ausgeprägt sind. Verallgemeinert heißt das, dass Gleichung (3.10) zur Berechnung der Projektionen um den Korrekturfaktor K_1 zur Berücksichtigung der Detektorinhomogenität erweitert werden muss und sich so Gleichung (4.14) ergibt.

$$p = -K_1 \cdot \ln\left(\frac{I - I_{Offs}}{I_0 - I_{Offs}}\right) \tag{4.14}$$

5 Experimentelle Aufbauten

Zur Durchführung der Tomographiemessungen stehen an der Professur die Labortomographieanlagen TomoTU (***Tomo**graphie an der **TU** Dresden*) und LeTo (***L**ow **E**nergy **To**mography*) zur Verfügung. Bei beiden Anlagen handelt es sich um nicht-kommerzielle Geräte, die problemangepasst zur Materialcharakterisierung und Prozessuntersuchung entwickelt wurden. Somit ist sichergestellt, dass die Funktionsweise der Anlagen im Detail bekannt ist und diese ggf. an neue messtechnische Aufgabenstellungen angepasst werden können. Die Untersuchungen der Tiefenfiltrationsprozesse unter Laborbedingungen wurden an TomoTU durchgeführt, vor allem, da mit dieser Anlage deutlich höhere räumliche Auflösungen als mit LeTo erreicht werden können.

Für diese Untersuchungen wurde ein Filtrationsexperiment entwickelt, dass aus einem Modellfilter in Form einer Filtrationszelle sowie erforderlicher Peripherie (Suspendiervorrichtung, Pumpe, etc.) besteht. Dieses Experiment ist grundsätzlich unabhängig von der Tomographieanlage, jedoch orientierte sich dessen Gestaltung an den Rahmenbedingungen, die durch TomoTU vorgegeben sind. Im Weiteren werden sowohl die Tomographieanlage als auch das Filtrationsexperiment näher beschrieben.

5.1 Labortomographieanlage TomoTU

5.1.1 Aufbau und Spezifikation

Die TomoTU-Anlage, die in Abb. 5.1 dargestellt ist und deren wesentliche Parameter in Tab. 5.1 zusammen gefasst sind, wurde zu Beginn des Projekts von der Arbeitsgruppe Tomographie in Betrieb genommen und seit dem stetig optimiert. Sie ist begehbar ausgeführt, wodurch eine optimale Zugänglichkeit sowohl bei der Installation von Experimentierumgebungen als auch bei Wartungsarbeiten gewährleistet ist. Die Anlage ist laut Röntgenverordnung als Störstrahler (max. Äquivalentdosisleistung im Abstand von 10 cm zur Kabine

≤ 1 µSv/h) einzustufen, sodass eine Strahlungsbelastung für die Bediener sehr gering ist und bei der Arbeit an der Anlage keine Dosimeter getragen werden müssen. Durch den TÜV wurde sie für 2000 Betriebsstunden/Jahr zugelassen und ist somit in hohem Umfang verfügbar.

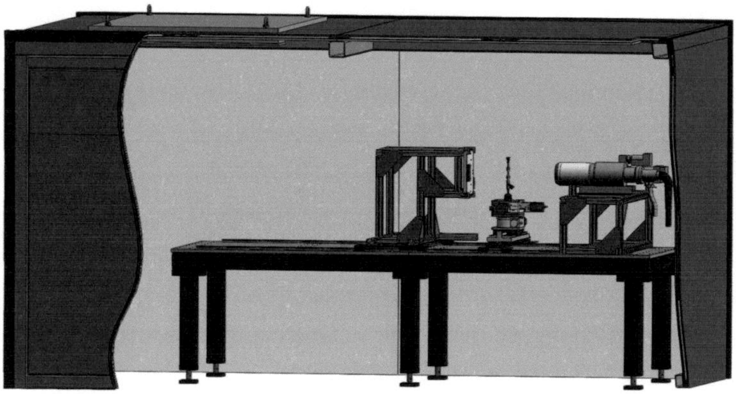

Abb. 5.1: CAD-Model der Tomographieanlage TomoTU: Übersichtsansicht in Schnittdarstellung

Tab. 5.1: Parameter der Tomographieanlage TomoTU

Röntgenröhre	
Beschleunigungsspannung	10 – 160 kV
Brennfleckdurchmesser	Modus 0: ca. 2,0 µm Modus 1: ca. 1,5 µm Modus 2: ca. 1,0 µm Modus 3: ca. 0,8 µm
Targetmaterial	Wolfram, Molybdän
Röhrenstrom	max. 880 µA bei Modus 0 und 90 kV
Detektor	
Größe	2048 x 2000 px
Pixelpitch	48 µm
Grauwertauflösung	12 bit
Dynamikbereich	max. 2,7 Bilder/s

TomoTU wurde speziell unter dem Gesichtspunkt Flexibilität konzipiert und eignet sich sowohl zur Untersuchung von mittelgroßen (Durchmesser und Höhe ca. 80 mm) als auch von sehr kleinen Proben (Durchmesser und Höhe ca. 5 mm), da jedoch mit einer Auflösung von wenigen Mikrometern.

Die Hauptbaugruppen Röntgenröhre, Röntgendetektor und Probenmanipulator, dargestellt in Abb. 5.2, zur Aufnahme der Röntgenbilder unter verschiedenen Projektionswinkeln sind auf einem Tisch montiert.

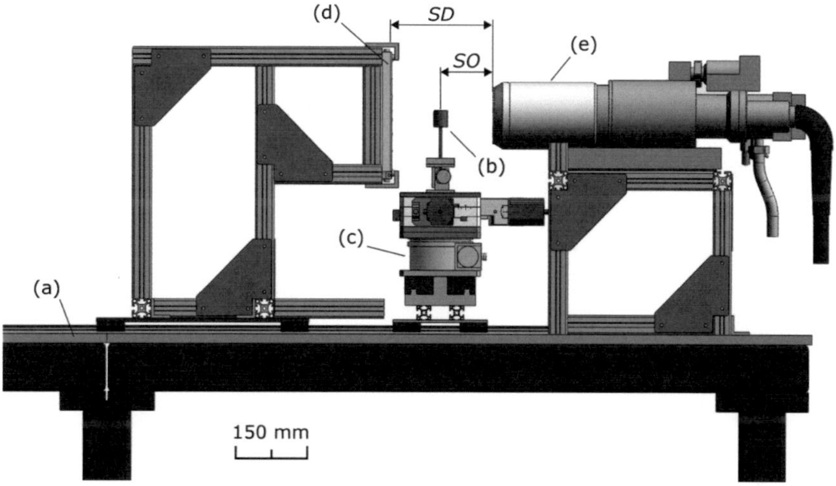

Abb. 5.2: Detaildarstellung der Hauptbaugruppen: optischer Tisch (a), Probe (b), Probenmanipulator (c), Röntgendetektor (d) und Röntgenröhre (e)

Die Röntgenröhre ist in dieser Anordnung gestellfest, während Detektor und Probenmanipulator auf zwei Schienen verschoben werden können um eine entsprechende Vergrößerung einzustellen. Bei der Röntgenröhre handelt es sich um eine Nano-Fokus-Röhre mit Transmissionstarget (XS160NFOF, Fa. GE Sensing & Inspection Technologies), deren Aufbau und Wirkungsweise bereits in Abschnitt 3.2.2 beschrieben wurde. An dieser können Beschleunigungsspannungen bis 160 kV eingestellt werden, was Spektren mit Energieanteilen bis max. 160 keV ermöglicht. Somit sind auch Untersuchungen an stärker absorbierenden Proben wie Metallschäumen durchführbar. Die Brennfleckgröße kann durch die Wahl aus vier Modi zwischen 0,8 und 2 µm variiert werden. In den meisten Fällen stellt der Modus 1 den besten Kompromiss dar, da bei kleinen Brennfleckdurchmessern (Modus 2 und 3) die Strahlungsintensität sehr gering ist und im Modus 0 Unschärfe und Kathodenverschleiß zunehmen. Eine bauformbedingte Besonderheit der Röntgenröhre besteht darin, dass die Intensität der Strahlung zeitlichen Schwankungen von bis zu 30 % unterliegt, was bei Nichtberücksichtigung eine Verschlechterung der Qualität und Reproduzierbarkeit der Tomogramme zur Folge hat. Laut Hersteller ist die Hauptursache dafür die Erwärmung der Röntgenröhre während des Betriebs, was zu einer Verformung des Röhrengehäuses und somit zu einer Veränderung der Spulenpositionen führt. Auf diese Problematik wird mit zwei Maßnahmen reagiert. Zum einen wurde eine Schlauchkühlung an der Röntgenröhre installiert, mit der diese auf 15 °C gekühlt wird. Da so die Intensitätsschwankungen zwar reduziert aber nicht zufriedenstellend vermieden werden können, wird außerdem eine Korrektur der einzelnen Absorptionsbilder vorgenommen.

Dazu wird zunächst ein Referenzfenster (RF) definiert, in dem unter allen Projektionswinkeln ausschließlich Luft durchstrahlt wird. In diesem Referenzfenster werden sowohl im I_0-Bild als auch in allen Absorptionsbildern die offsetkorrigierten Grauwerte aufsummiert. Entsprechend Gleichung (5.1) ergibt sich aus dem Verhältnis dieser Summen ein Korrekturfaktor K_2 für jedes Bild, mit dem die Intensitätsschwankungen kompensiert werden. Durch die Erweiterung des Lambert-Beer'schen Gesetzes mit K_2 ergibt sich unter Berücksichtigung der Korrekturmatrix aus der Detektorkalibrierung abschließend Gleichung (5.2) zur Berechnung der Projektionen.

$$K_2 = \frac{\sum_{RF} (I_0 - I_{Offs})}{\sum_{RF} (I - I_{Offs})} \tag{5.1}$$

$$p = -K_1 \cdot \ln\left(K_2 \cdot \frac{I - I_{Offs}}{I_0 - I_{Offs}} \right) \tag{5.2}$$

Die Röntgenbilder werden mit einem Flat-Panel-Detektor (Shad-o-Box 4K EV, Fa. Rad-icon Imaging Corp) aufgenommen, bei dem sich eine Szintillationsschicht unmittelbar vor einem Photodiodenarray befindet. In dieser Szintillationsschicht aus Gd_2O_2S wird die Röntgenstrahlung in sichtbares Licht umgewandelt. Mit dem Photodiodenarray, das aus 2x4 Segmenten aufgebaut ist, wird die Lichtintensität gemessen und als diskretes Signal mit einer 12bit-Auflösung ausgegeben.

Der Probenmanipulator der Fa. Huber besteht aus einer Linearachse mit einem Verfahrweg von 400 mm, mit dem die Probe zur Aufnahme des I_0-Bildes seitlich aus dem Strahlengang verfahren wird, einer Rotationseinheit und einem x-y-Tisch, mit dem die Probenmitte exakt auf die Rotationsachse ausgerichtet werden kann, um das zur Verfügung stehende Messfeld optimal auszunutzen. Dieser Probenmanipulator wurde um einen manuellen Miniaturhubtisch mit einem Maximalhub von 20 mm erweitert, mit dem die Proben in ihrer z-Ausrichtung justiert, aber auch höhere Proben in mehreren Einzelmessungen gescannt werden können. Außerdem ist die Kabine klimatisiert, sodass konstante thermische Experimentierbedingungen gewährleistet sind.

5.1.2 Bestimmung des maximalen Auflösungsvermögens

Wie bei allen realen optischen Systemen werden auch an TomoTU bei der Aufnahme der Absorptionsbilder, unter anderem bedingt durch Brennfleckgröße, Kollimation am Photodiodenarray und Signalumwandlung in der Szinitillationsschicht, Konturen nicht ideal scharf abgebildet. Bei der Darstellung feiner Strukturen führt dies zu einem Kontrastverlust bis hin zu einer Nichterkennbarkeit kleiner Details.

Um die Auflösungsgrenze der Anlage zu spezifizieren, wurde für verschiedene Vergrößerungen und Beschleunigungsspannungen die Modulationstransferfunktion (MTF) ermittelt, die den Kontrast K als Funktion der Ortsfrequenz f in Linienpaaren pro Millimeter (lp/mm) angibt. Die MTF wurde mit einer Kantenbildanalyse nach der Differentiationsmethode [Lei1998] aus den Absorptionsbildern einer horizontalen Kante eines 10 mm dicken Stahlprüfkörpers mit dem Bildverarbeitungsprogramm *ImageJ* [ImageJ2013] bestimmt.

Die Kante lag bei der Aufnahme im Zentralstrahl des Strahlenkegels und die Bilder wurden zunächst auf eine Größe von 400 x 1024 Pixeln zugeschnitten, sodass die Kante exakt in der Mitte des Ausschnitts liegt und dann um 90°

gedreht. Mit einem horizontalen Ableitungsfilter wurde aus dem Abbild der Kante das Abbild eines Spalts erzeugt. Darin liegt ein wesentlicher Vorteil der Kantenbildanalyse gegenüber der unmittelbaren Analyse eines Spalts, da das Realisieren eines sehr schmalen Spalts in der Praxis deutlich schwieriger ist. Aus signalverarbeitungstechnischer Sicht entspricht das Bild der Kante einer Sprungfunktion und das Bild des Spalts einer Stoßfunktion.

Der Übergang vom Bildbereich in den Frequenzbereich wird durch die Fourier-Transformation des abgeleiteten Kantenbildes, also des Stoßes, vollzogen. Während bei einem idealen Stoß, dem Dirac-Stoß, mit maximalem Kontrast und einer Breite von einem Pixel, im Leistungs-Spektrum der Fouriertransformierten alle Frequenzen mit gleicher Intensität enthalten sind, nimmt bei einem realen Stoß die Intensität hin zu hohen Frequenzen ab. Um die Ortsfrequenzen und die dazugehörigen Kontraste aus dem fouriertransformierten Bild zu bestimmen wurde dessen mittlere Zeile ausgewertet, deren Länge B_{FFT} einen Wert von 2^n haben muss, und die Ortsfrequenzen nach Gleichung (5.3) aus Pixelposition x_{FFT} und Pixelpitch p und der Kontrast nach Gleichung (5.4) anhand der Grauwerte berechnet.

$$f = \frac{x_{FFT} - \frac{B_{FFT}}{2}}{B_{FFT} \cdot p} \tag{5.3}$$

$$K = \frac{GW - GW_{min}}{GW_{max} - GW_{min}} \tag{5.4}$$

Diese Größen gegeneinander aufgetragen ergeben die MTF, die beispielhaft für einen Fall in Abb. 5.3 gezeigt ist. Die mit der Anlage theoretisch maximal darstellbare Frequenz ist entsprechend dem Abtast-Theorem [Shannon1949] die Nyquistfrequenz $f_{Ny,}$, die 1/(2 Pixelpitch) beträgt. Die Grenzfrequenz f_g bei einem Kontrast von 0,1 gilt als die gerade noch erkennbare Frequenz.

Um aus dem Frequenzbereich der MTF auf die tatsächliche Maximalauflösung a bei einer bestimmten Vergrößerung M zu schließen gibt Donath et al. [Donath2004] Gleichung (5.5) an, die dafür die Grenzfrequenz zugrunde legt.

$$a = \frac{1}{2 \cdot f_g \cdot M} \tag{5.5}$$

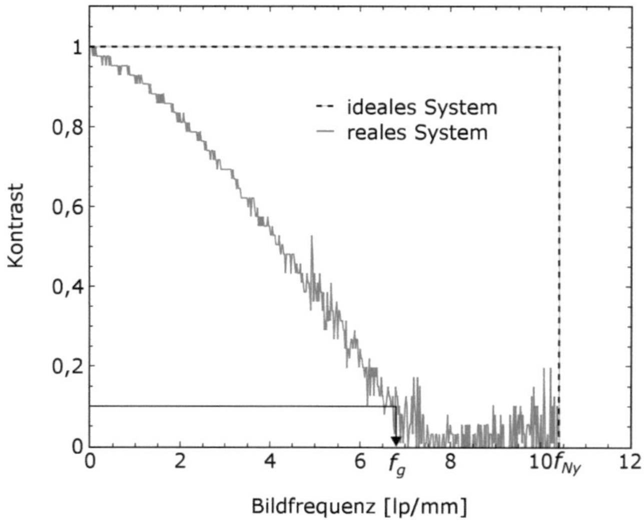

Abb. 5.3: Modulationstransferfunktion (MTF) der Labortomographieanlage TomoTU für eine Beschleunigungsspannung von 110 kV bei 8facher Vergrößerung. Zum Vergleich die MTF eines idealen Systems.

Diese Auflösungsgrenze entspricht jedoch nicht den kleinsten darstellbaren Details. Im ungünstigsten Fall wird das Detail, zum Beispiel ein sehr kleines Partikel, auf Grund seiner Lage jeweils zur Hälfte auf zwei benachbarten Pixeln abgebildet. Zwei Partikel mit Durchmesser und Abstand *a* überschneiden sich in diesem Fall in der Abbildung und sind nicht mehr als Einzelobjekte erkennbar. Wie auch von Kalender [Kalender2006] angegeben, sind deshalb die kleinsten zuverlässig darstellbaren Details entsprechend Gleichung (5.6) doppelt so groß wie die Maximalauflösung.

$$d_{\min} = 2a \tag{5.6}$$

Diese sind für Beschleunigungsspannungen von 60, 110 und 160 kV sowie den Idealfall ($f_g = f_{Ny}$) in Abb. 5.4 als Funktion der Vergrößerung dargestellt. Darin ist zu erkennen, dass die Werte bei hohen Beschleunigungsspannungen von 160 kV durchgängig etwas höher liegen und dass ab etwa einer 15fachen Vergrößerung eine minimale Detailgröße von 10 µm nicht mehr unterschritten wird.

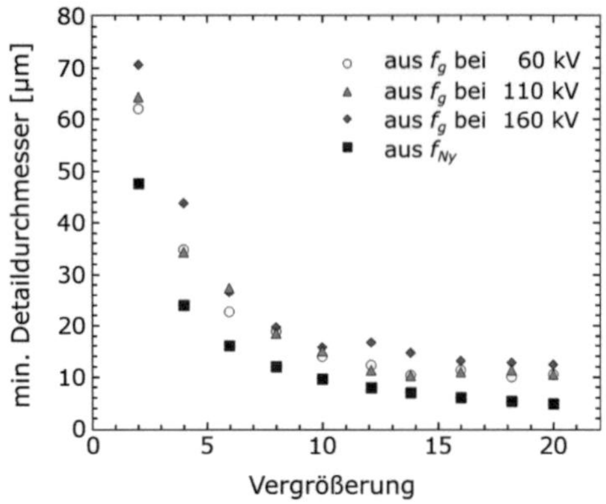

Abb. 5.4: Minimale darstellbare Detailgröße der Tomographieanlage TomoTU für verschiedene Beschleunigungsspannungen sowie der Idealfall $f_g = f_{Ny}$

5.2 Filtrationsexperiment

Mit TomoTU steht somit eine Laboranlage zur Verfügung, mit der hochaufgelöste Tomogramme erstellt werden können und die hinsichtlich der einstellbaren Energiespektren sowie der räumlichen Begebenheit grundsätzlich zur Untersuchung von Tiefenfiltrationsprozessen geeignet ist. Der dafür entwickelte experimentelle Aufbau wurde im Wesentlichen unter zwei Gesichtspunkten gestaltet. Zum einen soll die größtmögliche Auflösung erreicht werden, da viele Mechanismen nur bei sehr kleinen Partikeln beobachtet werden können. Wie aus den Betrachtungen zur Abhängigkeit zwischen Grenzfrequenz und Vergrößerung hervorging, ist bei etwa $M = 15$ diesbezüglich das Optimum erreicht. Zum anderen soll eine möglichst große Bandbreite an Parametervariationen möglich sein, ohne dass dies mit aufwendigen Umbauten verbunden ist. Dadurch wird in erster Linie die Vergleichbarkeit der Ergebnisse sicher gestellt, aber auch der Messbetrieb erleichtert. Die zentrale Komponente dieses Experimentes ist die Filtrationszelle. Dabei handelt es sich um einen Modellfilter, in dem sich das Filtermittel befindet und der von einer Suspension durchströmt wird. In dieser Filtrationszelle, dargestellt in Abb. 5.5, befindet sich ein Filterbett in einem Acrylglasrohr mit einem Außendurchmesser von 6 mm und einer Wandstärke von 1 mm. Dieses Rohr kann in der Breite bei einer 14fachen Vergrößerung gerade

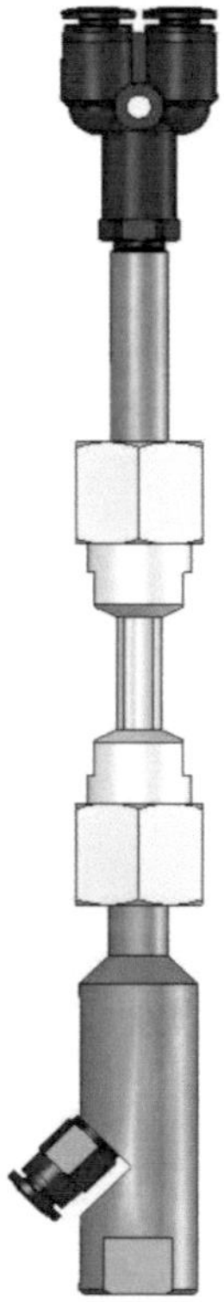

Abb. 5.5: konstruktive Ausführung der Filtrationszelle

noch vollständig auf dem Detektor abgebildet werden. Die Länge des Rohrs und somit die Höhe des Filterbetts beträgt 20 mm, wobei davon aufgrund der Anschlussstücke an den Enden 16 mm in drei Einzelmessungen gescannt werden können. An den Rohrenden wird das Filterbett durch jeweils ein Sieb begrenzt, dessen Drahtdurchmesser und Maschenweite je nach Filterbett und Partikelgröße so zu wählen ist, dass das Filtermittel zuverlässig in der Zelle zurückgehalten wird, die Partikel jedoch möglichst ungehindert hindurch transportiert werden können. Daran anschließend befindet sich eine Ein- bzw. Auslaufstrecke mit einer Länge von jeweils 40 mm, in der die Strömung nach dem Schlauchanschluss bzw. der Umlenkung wieder ein laminares Profil annehmen kann. Für die Anschlüsse der Verschlauchung und die Verbindung von Ein- und Auslaufstrecke mit der Zelle wurden Standard-Hydraulikkomponenten verwendet, welche so ausgewählt wurden, dass der Gesamtaufbau der Filtrationszelle möglichst schlank bleibt. Nur so kann diese nah - in einem Abstand von 16,35 mm - vor der Röntgenröhre platziert werden, was bei gegebener 14facher Vergrößerung einen Abstand zwischen Röhre und Detektor von lediglich 230 mm erfordert. Dieser sollte grundsätzlich so gering wie möglich sein um kurze Belichtungszeiten zu ermöglichen, da die Strahlungsintensität mit dem Abstand zur Röhre quadratisch abnimmt.

Der Gesamtaufbau des Filtrationsexperiments zur Beschickung dieser Zelle mit der Suspension ist schematisch in Abb. 5.6 gezeigt. Die Partikel werden in einem Becherglas mit einem Propellerrührer in der Trägerflüssigkeit suspendiert. Wie sich in Vorversuchen zeigte, bildet sich dabei ein Sedimentkegel unterhalb der

Propellerspitze aus, sodass zusätzlich ein Magnetrührer eingesetzt wurde, um mit einem Rührfisch die Entstehung dieses Kegels zu verhindern.

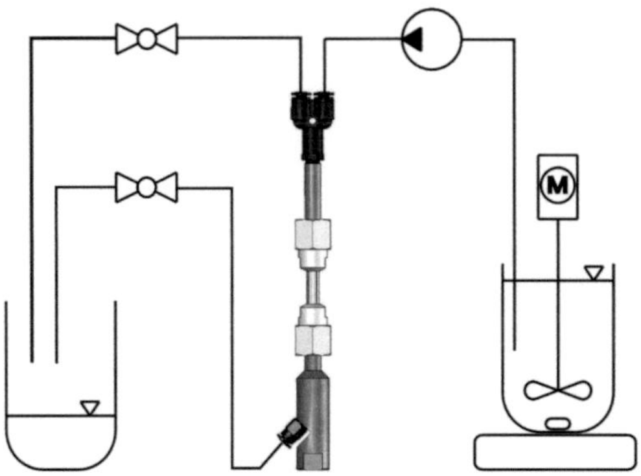

Abb. 5.6: Aufbau des Filtrationsexperiments – schematische Darstellung

Um die Suspension durch die Zelle zu pumpen wurde eine Schlauchquetschpumpe (Ismatec, ISM 830) eingesetzt, mit der Volumenströme zwischen 0,2 und 132 ml/min möglich sind. Neben der kompakten Bauform und den vergleichsweise geringen Anschaffungskosten besteht ein wesentlicher Vorteil dieses Pumpentyps darin, dass ein kontinuierliches Fördern möglich ist. Nachteilig ist, dass aufgrund des Förderprinzips eine pulsierende Strömung erzeugt wird. Die Steuerung der Pumpe erfolgt mit dem in *C++* geschriebenen Messprogramm *FiltExControl* über ein USB-Experimentier-Interface-Board (Vellmann, K8055).

Über diese Ansteuerung können Drehsinn, Drehzahl und Drehdauer des Pumpenrades vorgegeben werden, sodass eine präzise Zeitsteuerung der Filtrationsdauer möglich ist. Die für das Filtrationsexperiment verwendeten Partikel weisen einen Dichteunterschied gegenüber der Trägerflüssigkeit auf, was zu Sedimentation bei dem Transport zur Filtrationszelle führt. Um diesen Effekt gering zu halten, sind Schläuche mit einem möglichst geringen Innendurchmesser, in diesem Experiment mit 0,9 mm gewählt, zu verwenden, um die Sedimentation durch hohe Fließgeschwindigkeiten zu reduzieren.

Ebenso sind gleiche Schlauchlängen bei verschiedenen Versuchen zu verwenden, um den unvermeidichen Sedimentationseinfluss konstant zu halten und so eine Vergleichbarkeit der Messungen zu gewährleisten. Wie in Abb. 5.7 dargestellt, sind Suspendiervorrichtung und Pumpe auf einem Gestell oberhalb der Röhre nahe der Filtrationszelle positioniert, sodass die erforderliche Schlauchlänge zwischen Suspendierbehälter und Filtrationszelle vergleichsweise kurz ist. Diese Positionierung ist eine weitere Maßnahme zur Reduzierung der Sedimentation in dem zuführenden Schlauch.

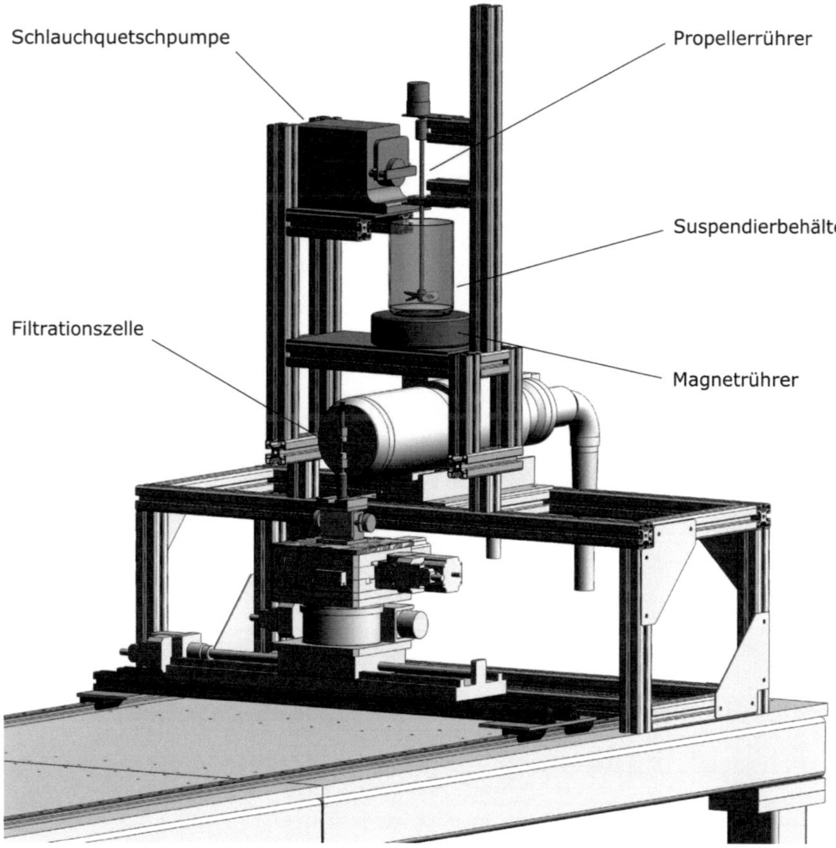

Abb. 5.7: konstruktive Ausführung des Filtrationsexperiments und Installation an der Tomographieanlage TomoTU

6 Modellsystem und Versuchsdurchführung

6.1 Modellsystem

Das zuvor beschriebene Filtrationsexperiment erlaubt grundsätzlich ein breites Feld an Parametervariationen, wofür zunächst ein Referenzfall zu definieren ist. Dafür wurde das Modellsystem einer Kugelschüttung als Filterbett gewählt, um an die Untersuchungen mit Synchrotronstrahlung [Waske2010] anzuschließen und da es sich durch eine einfache und klar definierte Porenstruktur sowie eine gute Reproduzierbarkeit auszeichnet. Abb. 6.1 zeigt schematisch das Szenario, das dabei zur Ausbildung der kleinsten möglichen Pore führt, deren Durchmesser nach Gleichung (6.1) [Sator2006, Waske2011] zu berechnen ist.

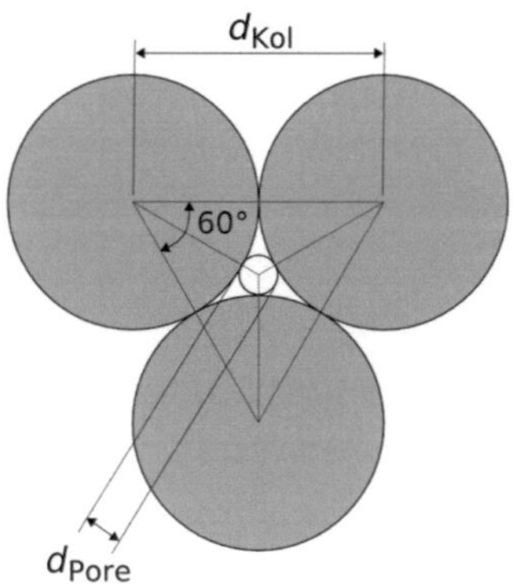

Abb. 6.1: idealisiertes Porenmodell in einer Kugelschüttung

$$d_{Pore} = \left(\frac{2}{\sqrt{3}} - 1 \right) \cdot d_{Kol} \tag{6.1}$$

Das Referenzsystem ist neben verfahrenstechnischen Aspekten auch unter messtechnischen Gesichtspunkten zu dimensionieren. Da an Laboranlagen das gesamte Energiespektrum der Strahlung genutzt werden muss um die erforderliche Intensität aufzubringen, der Schwächungskoeffizient jedoch energieabhängig ist, ist das Materialsystem aus Trägerflüssigkeit, Filtermittel und Partikeln so zu wählen, dass die mittleren Schwächungskoeffizienten deutliche Unterschiede aufweisen, sodass die einzelnen Komponenten mit möglichst hohem Kontrast in den Tomogrammen voneinander unterschieden werden können. Als Trägerflüssigkeit wurde Wasser und als Filtermaterial Glas gewählt.

Diese Materialien unterscheiden sich ausreichend in ihrer effektiven Ordnungszahl und somit auch hinsichtlich des Schwächungskoeffizienten. Im Hinblick auf künftige Untersuchungen an realen Filtrationssystemen stellt diese Materialpaarung außerdem einen relevanten Fall dar, da viele Filtermaterialien wie Keramik oder Sand ein ähnliches Absorptionsverhalten wie Glas zeigen und die Trägerflüssigkeit Wasser in der außerordentlich bedeutsamen Anwendung der Trinkwasseraufbereitung vorkommt.

Als Partikelmaterial wurde Molybdän (Mo) gewählt, das mit einer Ordnungszahl von 42 Röntgenstrahlung erheblich stärker schwächt als Glas und Wasser und deshalb mit hohem Kontrast sichtbar ist, wobei in Kauf genommen wird, dass aufgrund der hohen Dichte verstärkt Sedimentation auftritt. Die Größenverteilung der Mo-Partikel wurde mittels Laserbeugungsspektroskopie an einem HELOS KR (Sympatec GmbH, Germany) bestimmt und ist in Abb. 6.2 als anzahlbezogene Dichte- und Summenfunktion dargestellt. Aus dieser Verteilung ergibt sich ein mittlerer Partikeldurchmesser von 2,2 µm. Der Glaskugeldurchmesser von ca. 134 µm führt zu einem minimalen Porendurchmesser von ca. 21 µm, sodass die Bedingung $d_{Part} << d_{Pore}$ für die Tiefenfiltration erfüllt ist.

Um einen möglichen Einfluss der Oberflächenladung zu dokumentieren, wurden Zeta-Potential-Messungen für Partikel und Glaskugeln bei variierendem ph-Wert durchgeführt, wobei der ph-Wert der Suspension im Experiment 4,5 betrug. Wie Abb. 6.3 zeigt, liegen die Zeta-Potentiale der Mo-Partikel annähernd konstant bei 0 mV und die der Glaskugeln fallen hin zum ph-neutralen Bereich auf -100 mV ab. Somit kann keine eindeutige Zuordnung zu anziehender oder abstoßender Wechselwirkung getroffen werden und da der mittlere Partikeldurchmesser deutlich über der von Luckert angegebenen Grenze liegt, ist dieses Modellsystem nicht für Studien zum Einfluss der Oberflächenladung geeignet und es ist zu erwarten, das die Abscheidungsmechanismen von Sedimentation, Trägheit und Formschluss dominiert werden.

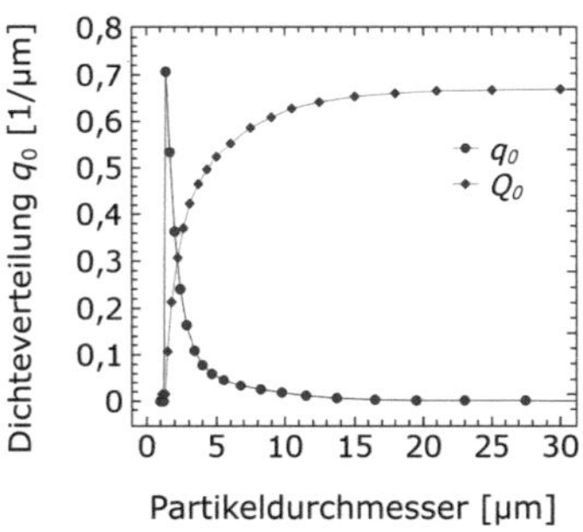

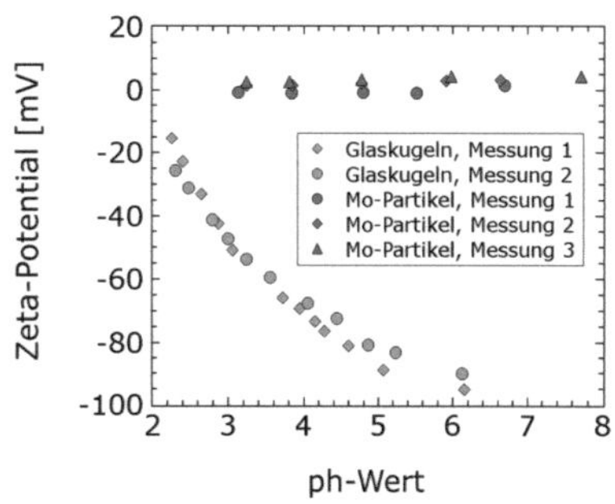

Abb. 6.2: Partikelgrößenverteilung der im Experiment verwendeten Mo-Partikel

Abb. 6.3 Zeta-Potential der Mo-Partikel und Glaskugeln

Tab. 6.1: Filtrationsparameter des Experiments

Volumenstrom	0,2 ml/min
Temperatur der Trägerflüssigkeit	20 °C
Massendichte der Trägerflüssigkeit	1,0 g/cm^3
dynamische Viskosität der Trägerflüssigkeit	1,0 mPas
Massendichte der Partikel	10,3 g/cm^3
pH-Wert	4,5
Zeta-Potential der Partikel	0 mV
Zeta-Potential der Kollektoren	-80 mV
mittlere Porosität des Filterbetts	0,375
mittlerer Partikeldurchmesser	2,2 µm
mittlerer Kollektordurchmesser	125 – 150 µm
Partikelkonzentration in Suspension	0,05 Vol.%

Die Festlegung der Partikelkonzentration in der Suspension von c = 0,05 Vol.% und die Wahl der Filtrationsgeschwindigkeit von v_F = 2,4 m/h orientieren sich an den Angaben von Stieß [Stieß1994] für reale Filtrationsprozesse. Die wesentlichen Parameter des Referenzexperiments sind in Tab. 6.1 zusammengefasst. Die Charakterisierung des Filterbetts wurde auf Grundlage einer Tomographiemessung des Filterbetts durchgeführt und soll im Weiteren ausführlich beschrieben werden.

6.2 Charakterisierung des Filterbetts

Die Struktur des Filterbetts hat einen erheblichen Einfluss auf das Abscheidungsverhalten und wurde daher eingehend analysiert.

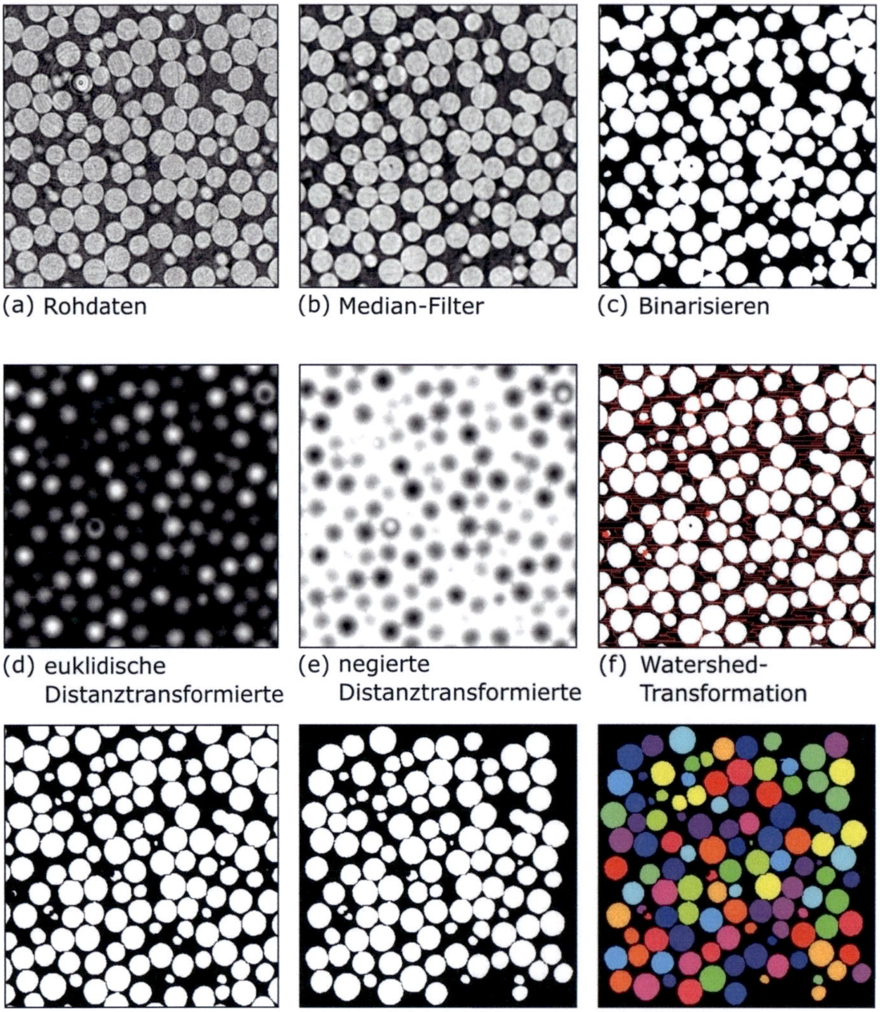

(a) Rohdaten (b) Median-Filter (c) Binarisieren

(d) euklidische Distanztransformierte (e) negierte Distanztransformierte (f) Watershed-Transformation

(g) Hohlräume füllen (h) Randobjekte entfernen (i) Labeln

Abb. 6.4: Bildverarbeitungsschritte zur Segmentierung am Beispiel der Kugelschüttung

Ziel der Analyse war es zum einen die Verteilung der lokalen Porosität zu bestimmen um Beziehungen zwischen Porosität und bevorzugten Abscheideorten der Partikel herzustellen und zum anderen die Größenverteilung und die Verteilung der Sphärizität der Glaskugeln zu ermitteln um, verglichen mit der Herstellerangabe der Klassengrenzen, präzisere Informationen über die Geometrie der Schüttungsteilchen zu erhalten. Für Untersuchungen zur Verteilung der Geometriegrößen bieten Tomogramme des Filterbetts eine optimale Grundlage, jedoch sind die darin abgebildeten Schüttungsteilchen durch entsprechende Segmentierungsverfahren zunächst als Einzelobjekte zu identifizieren. Dies wurde mit der Bildverarbeitungs-Toolbox *DIPimage* [DIP2013] in *Matlab* durchgeführt, wobei ein Segmentierungsalgorithmus zum Einsatz kam, der bereits in einer Vielzahl anderer Arbeiten [Brunke2004, Baggett2005, Battenberg2006, Fu2006, Nandy2009] für vergleichbare Problemstellungen angewendet wurde und der in einer lehrstuhlinternen Kooperation [Schümann2014] auf die Analyse von partikelbeladenen PU-Schäumen übertragen werden konnte. Dieser Algorithmus zeichnet sich durch eine hohe Verallgemeinerungsfähigkeit aus und besteht aus einer Abfolge von Bildverarbeitungsschritten, die im Weiteren näher erläutert werden.

Die verrauschten und artefaktbehafteten Rohdaten aus den Tomogrammen des Filterbetts (Abb. 6.4a) werden zunächst mit einem 2D-Medianfilter mit dem Radius r = 2,0 Pixel geglättet (Abb. 6.4b). Dieser Filter wurde gewählt, da er verglichen mit anderen Glättungsfiltern bei einer hinreichend guten Rauschunterdrückung die Kantenschärfe nur geringfügig beeinträchtigt. Diese Bilddaten werden anschließend mit dem Schwellwert th = 610 binarisiert, der im Histogramm in Abb. 6.5 in der Mitte zwischen Luft- und Glaspeak liegt. Im Fall der Filterbettschüttung ist eine quantitative Charakterisierung basierend auf Binärbildern möglich, da der Durchmesser der

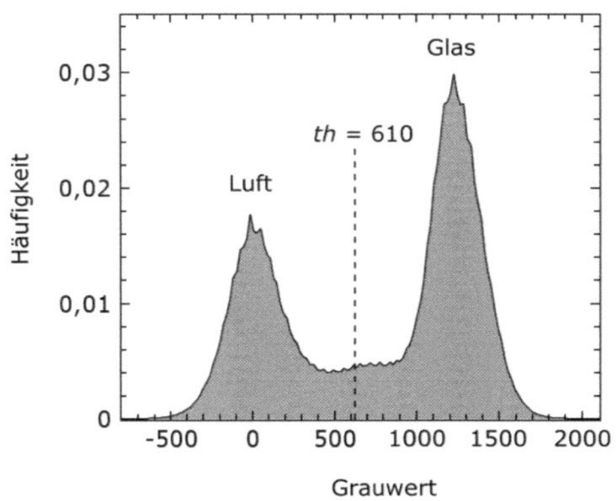

Abb. 6.5: Stack-Histogramm der trockenen Glaskugelschüttung

Schüttungsteilchen ca. 20 Pixel beträgt und somit deutlich über der Auflösungsgrenze liegt. Wie in Abb. 6.4c zu sehen ist, sind die Glaskugeln in den Binärbildern scheinbar an den Berührungspunkten miteinander verbunden und nicht als Einzelobjekte erkennbar, sodass zur weiteren Analyse eine Trennung erforderlich ist.

Eine dafür geeignete Bildverarbeitungsoperation ist die Watershed-Transformation [Beucher1979], die im Dreidimensionalen Trennflächen zwischen den Objekten liefert, sodass durch eine Subtraktion der Watershed-Transformierten von dem Binärbild eine Vereinzelung erreicht werden kann. Namensgebend für diese Transformation ist die geographische Entsprechung. Stellt man sich im Zweidimensionalen ein Grauwertbild als eine Landschaft vor, in der hohe Grauwerte Berge und niedrige Grauwerte Täler repräsentieren, so entspricht das Ergebnis dieser Transformation den Wasserscheiden bei Niederschlag, die sich in dieser Landschaft bilden. Die erforderliche Übertragung in den dreidimensionalen Raum ist weitaus weniger anschaulich, besteht aber in der mathematischen Behandlung formell in der Erhöhung der Dimension um 1. Die Watershed-Transformation wurde für das vorliegende Segmentierungsproblem auf die negative euklidische Distanztransformierte angewendet, die in Abb. 6.4e gezeigt ist.

In dieser Variante, die sich als besonders zuverlässig und robust herausgestellt hat, bilden sich die Wasserscheiden (Abb. 6.4f) auf Plateaus aus und weisen einen typischen schlangenförmigen Verlauf auf. Dies ist jedoch für die Segmentierung irrelevant, da diese Flächenanteile keinen Beitrag zur Subtraktion liefern.

Im Anschluss an die Vereinzelung der Schüttungsteilchen werden die Daten mit drei Binäroperationen, die *DIPimage* bereitstellt, aufbereitet. Es werden Lufteinschlüsse in den Glaskugeln gefüllt, Randobjekte, die nur teilweise abgebildet sind, entfernt und der Datensatz gelabelt, sodass anstelle des Wertes 1 allen Voxeln eines jeden zusammenhängenden Objektes ein Zahlenwert zugewiesen wird. Somit liegt nun ein repräsentativ großer und segmenentierter Datensatz von 27 242 Schüttungsteilchen vor, von denen jeweils Oberfläche und Volumen mit der *DIPimage*-Funktion *measure* ermittelt wurden, die zur Bestimmung des Äquivalentdurchmessers nach Gleichung (6.2) und der Sphärizität nach (6.3) erforderlich sind.

$$d_{\text{äqu}} = \sqrt[3]{\frac{6V}{\pi}} \tag{6.2}$$

$$\Psi = \frac{\pi \cdot d_{\text{äqu}}^{2}}{A_{\text{O}}} \tag{6.3}$$

Diese Funktion ist überaus leistungsfähig und würde darüber hinaus auch die Bestimmung einer Reihe anderer Geometrieeigenschaften, wie zum Beispiel die Richtungsvektoren der Hauptachsen erlauben. Die Verteilung des Äquivalentdurchmessers einer volumengleichen Kugel in Abb. 6.5 zeigt, dass die Größenverteilung etwas breiter ist als vom Hersteller angegeben. Die Kenntnis dieser Verteilung ermöglicht nun die exakte Bestimmung des mittleren Durchmessers der Schüttungsteilchen, der 134 µm beträgt.

Die Verteilung der Sphärizität, in Abb. 6.7 zeigt, dass der überwiegende Teil der Schüttungsteilchen im Bereich zwischen 0,85 und 1 liegt und somit in guter Näherung von einer Kugelschüttung ausgegangen werden kann.

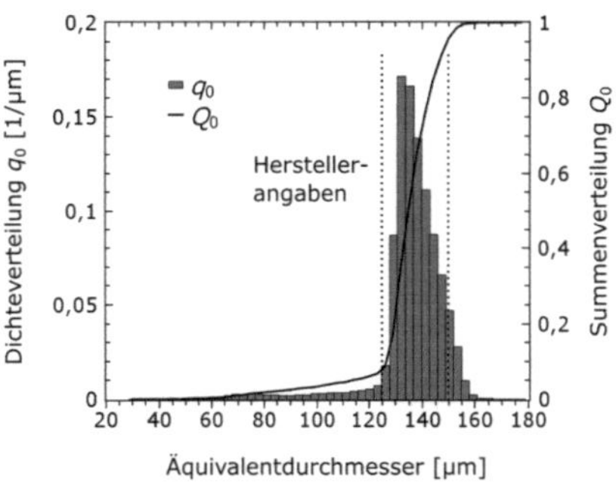

Abb. 6.6: Verteilung des Äquivalentdurchmessers der Glaskugelschüttung

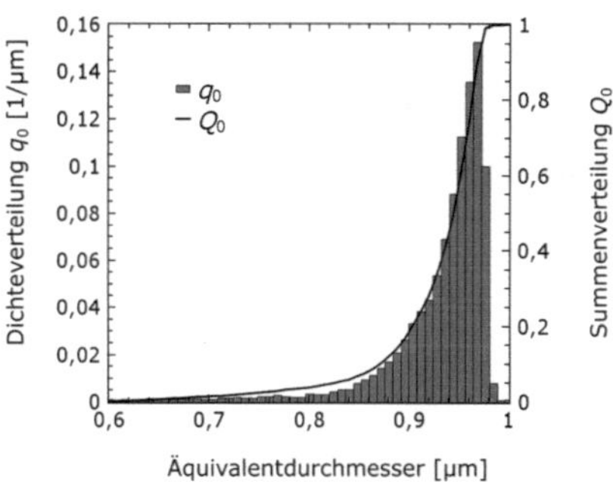

Abb. 6.7 Verteilung der Sphärizität der Glaskugelschüttung

Um im Weiteren die Abscheidungsprofile der Partikel mit den Porositätsprofilen zu korrelieren, wurden zunächst die Porositätsverteilungen im Filterbett anhand der Tomographiedaten ermittelt. Die Tomogramme wurden zunächst wieder mit dem

Medianfilter geglättet und anschließend binarisiert. Unter Verwendung des *ImageJ*-Plugins *RadialAngleProfileExtended* wurde für jede horizontale Schicht dieses Binärdatensatzes in konzentrischen Ringen um die Symetrieachse der Filtrationszelle die mittlere Porosität bestimmt und davon der Mittelwert über die gesamte Höhe des Tomogramms gebildet.

Abb. 6.8 zeigt dieses radiale Porositätsprofil, aufgetragen über dem relativen Wandabstand w_{rel} nach Gleichung (6.4), mit den für Kugelschüttungen charakteristischen Oszillationen in den äußeren 4 bis 6 Kugellagen, die auf Wandordnungseffekte zurückzuführen sind.

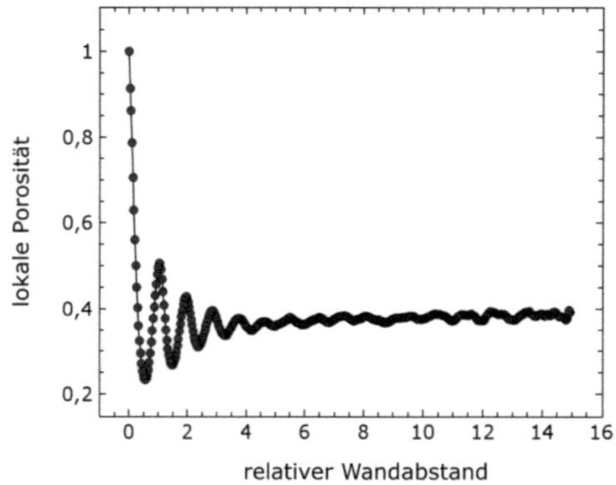

Abb. 6.8: radiales Porositätsprofil der Glaskugelschüttung in der Filtrationszelle

$$w_{rel} = \frac{r_{FB,max} - r_{FB}}{d_{Kol}} \tag{6.4}$$

Dieser Effekt wurde bereits in verschiedenen anderen Arbeiten mit optischen Messverfahren [Scott1962, Giese1998], speziellen Wägetechniken [Toit2008, Goodling1983], bei denen die Proben zerstört werden, sowie anhand von Tomographiemessungen mit MRT [Sedermann2001] beziehungsweise Synchrotron-µCT [Reimann2005, Waske2010] beobachtet und beschrieben. Die inhomogene Porositätsverteilung ist das begrenzende Kriterium bei der Wahl von Kugeldurchmesser und Innendurchmesser der Filtrationszelle. Im vorliegenden Fall zeigt jedoch ein hinreichend großer Bereich des Filterbetts eine homogene

Porosität, sodass die Wandordungseffekte das Abscheidungsverhalten in axialer Richtung nicht dominieren. Die axiale Porositätsverteilung ist weitestgehend konstant mit einem Mittelwert von 0,375 und einer Standardabweichung von 0,009.

6.3 Versuchsdurchführung

Zur Durchführung der Filtrationsversuche wurde die Zelle mit Edelstahlsieben mit einer Maschenweite von 0,1 mm und einem Drahtdurchmesser von 0,071 mm versehen und mit den Glaskugeln (Worf Glaskugeln GmbH) befüllt, wobei durch manuelles Rütteln ein dicht gepacktes Schüttbett erzeugt wurde.
Um beim Durchströmen dieses Filterbetts mit der Suspension die Bildung von Luftblasen zu vermeiden, wurde das Filterbett zuvor mit 24 ml 70%igem Isopropanol benetzt, welches mit einer Einwegspritze von unten in die Filtrationszelle eingespült wurde. Anschließend wurde die Zelle mit 130 ml destilliertem Wasser 30 min lang von oben nachgespült, um das Isopropanol wieder aus dem System zu entfernen. Sämtliche Schläuche wurden mit Hilfe der dafür vorgesehenen Ventile entlüftet.
Die Ansatzmenge der 0,05%igen H_2O-Mo-Suspension betrug 300 ml, mit der dann die Filtrationszelle bei einem Volumenstrom von 0,2 ml/min beschickt wurde. Da bei den gewählten Scanparametern die Aufnahme eines Tomogramms etwa 90 min dauert, ist es erforderlich, den Filtrationsprozess während der Messung anzuhalten. Beginnend mit Zeitschritten von 15 min wurde die Filtration deshalb mit Unterbrechungen durchgeführt, wobei sich kumulierte Filtrationszeiten von 15 min, 30 min, 45 min, 60 min, 120 min, 240 min und 480 min ergaben. Die Parameter der Tomographiemessungen sind in Tabelle 6.2 zusammengefasst. Die Wahl des Winkelinkrements ist begrenzt durch die maximale Auflösung der Schrittmotorsteuerung und wurde dabei so klein wie möglich gewählt, um ein optimales Signal-Rausch-Verhältnis zu erhalten.
Die Rekonstruktion der Tomogramme erfolgte mit der in Abschnitt 3.3.3 beschriebenen Software. Dunkel- und Referenzbilder wurden dabei aus jeweils fünf Einzelaufnahmen gemittelt, die Filterung mit dem Shepp-Logan-Filter und der Cutoff-Frequenz $\varepsilon = 0{,}8$ durchgeführt und eine Korrektur der Projektionen mit der Korrekturmatrix vorgenommen. Um die Datenmenge in der weiteren

Auswertung auf eine handhabbare Größe zu begrenzen, wurde die Rekonstruktion mit Binning 2 durchgeführt, wodurch sich zwar die Auflösung der Bilder halbiert, das Signal-Rausch-Verhältnis jedoch verbessert. Auch bleibt die grundsätzliche Erkennbarkeit sämtlicher Details davon unbeeinträchtigt.

Tab. 6.2: Tomographieparameter des Experiments

Abstand *SO*	16,35 mm
Abstand *SD*	230 mm
Vergrößerung	14,07
Modus	1
Beschleunigungsspannung	80 kV
Röhrenstrom	150 µA
Targetmaterial	Wolfram
Belichtungszeit	2,1 - 2,25 s
Scanwinkel	360°
Winkelinkrement	0,25°

Für das Zusammensetzen der 21 Datensätze war es erforderlich, Winkelkorrekturen gegenüber der *x*- und *y*-Achse vorzunehmen, sodass im Ergebnis vertikal ausgerichtete Tomogramme der Filtrationszelle vorliegen. Anschließend wurden die Bilder nach der in Abschnitt 4.2 beschriebenen Methode mit den Referenzgrauwerten $GW_{ref,1}$ = 117 für Acryl und $GW_{ref,2}$ = 1586 für Glas kalibriert. In einem finalen Bearbeitungsschritt wurden die Bilddaten auf die Ausschnitte, in denen das Filterbett abgebildet ist, reduziert und anschließend zusammengesetzt.

Das Ergebnis dieser Prozedur sind sieben Datensätze der Filtrationszelle zu verschiedenen Filtrationszeitpunkten. Diese 3D-Bilder des Datentyps *float* haben eine Größe von je 600x600x2300 Pixeln bei einer Pixelgröße von 6,8 µm. Es sind darin sowohl das Filterbett als auch die abgeschiedenen Partikel deutlich zu erkennen und es kann, wie in Abb. 6.9 zu sehen ist, ein Anstieg der Partikelabscheidungen mit zunehmender Filtrationsdauer beobachtet werden.

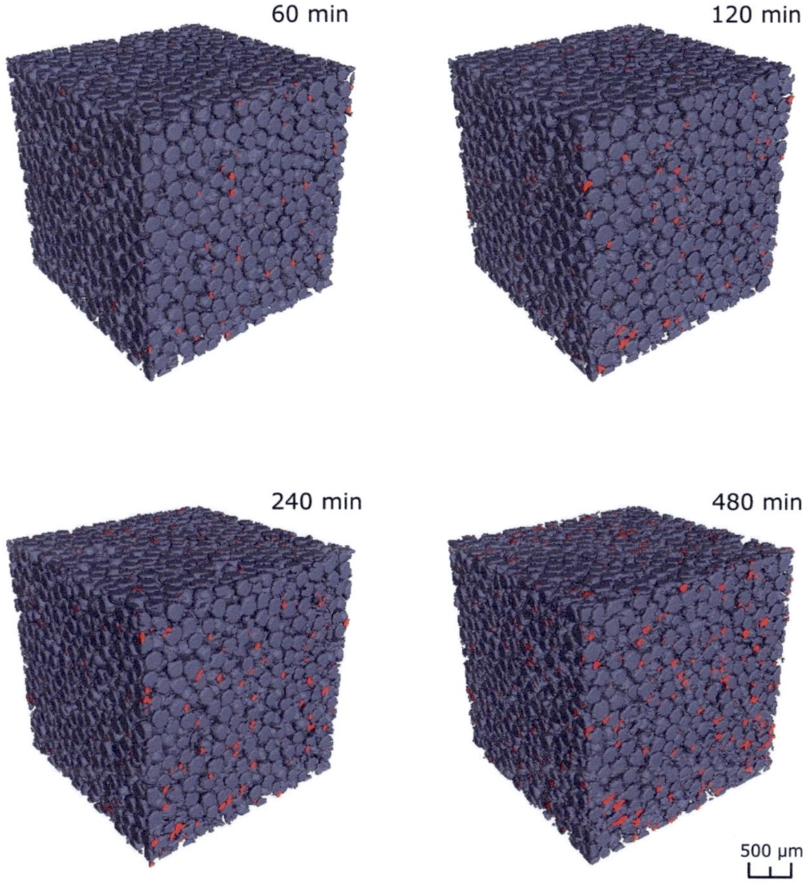

Abb. 6.9: gerenderte 3D-Darstellung eines Ausschnitts von 2x2x2 mm im oberen Bereich der Tomogramme der Filtrationszelle

Es ist also möglich für ein Modellsystem mit stark absorbierenden Partikeln an einer µCT-Laboranlage hochaufgelöste Tomogramme mit ausreichenden Kontrastunterschieden zu erstellen, sodass eine dreidimensionale Analyse des Abscheidungsverhaltens und eine Korrelation von Filterbettstruktur und Abscheidungsorten der Partikel möglich ist. Aufgrund der hohen Verfügbarkeit der Laboranlage sind umfangreiche Messungen möglich, die Untersuchungen für verschiedene Filtrationszeiten sowie Parametervariationen erlauben.

7 Ergebnisse und Diskussion

Wie in dem vorangegangenen Abschnitt gezeigt wurde, können von einem Modell-Filtrationssystem mit stark absorbierenden Partikeln Tomogramme unter Laborbedingungen erstellt werden, in denen die Partikel deutlich sichtbar sind, obwohl sie unterhalb der Auflösungsgrenze liegen. Um die weiteren Studien zur Charakteristik des Abscheidungsverhaltens und die perspektivisch geplanten Parameterstudien auf ein solides Fundament zu stellen, wurde der Fokus der Arbeit zunächst auf die Entwicklung eines Quantifizierungsverfahrens gelegt, das auf die Messungen am Filtrationsexperiment angewendet werden kann. Auf Grundlage der räumlichen Konzentrationsverteilung der Partikel im Filterbett werden im zweiten Teil dieses Kapitels das Abscheidungsverhalten analysiert und modelliert, sowie erste Variationen der Filtrationsparameter betrachtet.

7.1 Quantifizierungsverfahren

Das allgemeine Ziel dieser Verfahrensentwicklung ist es, Grauwertbilder von Mehr-Material-Systemen in die Konzentrationsanteile $C_i(x,y,z)$ der Einzelmaterialien zu zerlegen, wobei die verschiedenen Materialien durch entsprechende Grauwerte repräsentiert werden und die Bilddaten verrauscht und meist auch artefaktbehaftet sind. Dabei handelt es sich um eine grundlegende Problematik bei der Auswertung bildgebender Messverfahren, die zunächst unabhängig von den Untersuchungen am Filtrationsexperiment behandelt wurde. Zur Hervorhebung der Motivation sind dabei insbesondere zwei Teilprobleme herauszustellen:

(1) Bilder von Mehr-Material-Systemen enthalten immer Übergangsbereiche, in denen sich die Grauwerte aus den Konzentrationsanteilen und den mittleren Grauwerten der Einzelmaterialien ergeben. Liegt ein System von drei oder mehr Materialien vor, entspricht der Grauwert im Übergangsbereich zwischen einem stark und einem schwach absorbierenden Material

dem eines dritten dazwischen, wie in Abb. 7.1 zu sehen ist. Somit stellt die Konzentrationszuordnung in diesen Bildpunkten kein triviales Problem dar.

(2) Bei Bilddaten von sehr kleinen Objekten wie Partikeln, deren Durchmesser unterhalb oder nahe an der Auflösungsgrenze liegt, existieren praktisch nur Übergangsbereiche mit variierendem Partikelanteil. Eine Auswertung solcher Daten auf Grundlage von Binärbildern führt deshalb lediglich zu qualitativen Ergebnissen, da durch das Binarisieren nur zwischen den Konzentrationen 0 und 1 unterschieden wird und die Zuordnung stark von der meist subjektiven Wahl des Schwellwerts abhängt.

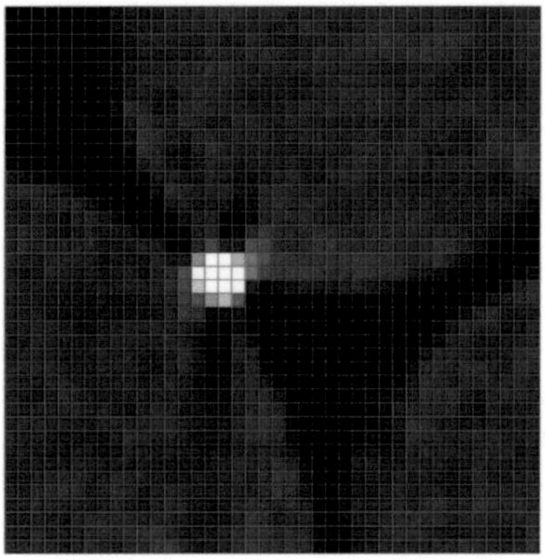

Abb. 7.1: stark vergrößerter Ausschnitt eines Tomogramms der Filtrationszelle

In den Untersuchungen von Rahn [Rahn2011, Rahn2014] wurde gezeigt, dass es für das 2-Material-System Partikel in Gewebe oder allgemein einer Matrix möglich ist, die Partikelkonzentration quantitativ zu bestimmen, obwohl die Partikeldurchmesser deutlich kleiner sind als die Auflösung in den Tomogrammen. Dazu ist eine Kalibrierung mit speziellen Phantomen erforderlich, die aus dem Matrixmaterial und Partikeln in bekannten Konzentrationsabstufungen bestehen. In Kalibriermessungen wird für ein Set von Scan- und Rekonstruktionsparametern der Zusammenhang zwischen Grauwert und Partikelkonzentration in Form einer Kalibriergeraden bestimmt, mit der dann die räumliche Verteilung der Partikelkonzentration berechnet werden kann.

Dieses Kalibrierverfahren ist jedoch nicht unmittelbar auf die vorliegende Problematik übertragbar, da in den Tomogrammen der Filtrationszelle Übergangsbereiche zwischen mehr als zwei Materialien vorliegen.
Einen potentiellen Lösungsansatz für dieses spezielle Problem stellt die Dual-Energy-Computertomographie (DECT) [Alvarez1976, Kalender1987] dar, bei der zwei Scans der Probe bei unterschiedlichen Beschleunigungsspannungen und somit unterschiedlichen Energiespektren durchgeführt werden. Aufgrund der Energieabhängigkeit des Schwächungskoeffizienten führen diese zwei Messungen materialabhängig zu unterschiedlichen Schwächungen und somit Grauwerten in den Tomogrammen, was grundsätzlich eine Zerlegung in die Basismaterialien erlaubt.
Im Rahmen der Arbeit wurden drei Quantifizierungsansätze untersucht, die im Weiteren näher vorgestellt werden sollen, wobei zunächst der Fokus auf Dual-Energy-Verfahren gelegt wurde.

7.1.1 Post-Reconstruction DECT

Ein erster vielversprechender und relativ einfacher Ansatz zur Bildzerlegung mit DECT-Verfahren für 3-Material-Systeme ist eine Post-Reconstruction-Methode, die vielfach in der Literatur [Abouelwafa1980, Behling2008, Stolzmann2011, Engler1990] beschrieben ist. Die Ausgangssituation für diese Methode sind bekannte mittlere Grauwerte der drei Basismaterialien in den Tomogrammen, die bei zwei unterschiedlichen Beschleunigungsspannungen aufgenommen werden. Die Grauwerte der Basismaterialien sind durch Kalibriermessungen zu ermitteln, die bei denselben Beschleunigungsspannungen wie die Scans der Probe durchgeführt werden. Aufgrund der Energieabhängigkeit des Schwächungskoeffizienten hat eine Erhöhung der Beschleunigungsspannung auf stark absorbierende Materialien einen stärkeren Einfluss als auf schwach absorbierende, wodurch sich das Verhältnis der Grauwerte zueinander verschiebt. Trägt man die Grauwerte aus den Kalibriermessungen gegeneinander auf, wird deshalb ein sogenanntes Kalibrierdreieck aufgespannt, welches schematisch in Abb. 7.2 dargestellt ist, und dessen Eckpunkte A, B, C durch die Grauwerte der Basismaterialien definiert sind.

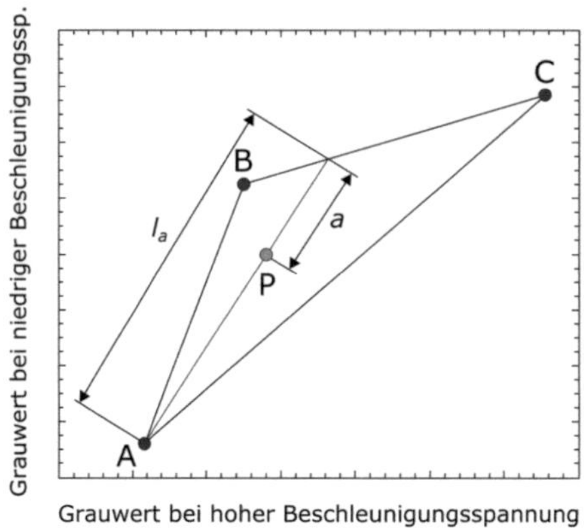

Abb. 7.2: schematische Darstellung des Kalibrierdreiecks

Ebenso kann jedem Bildpunkt in den Tomogrammen der Probe ein Punkt P in diesem Schaubild zugeordnet werden, für den sich nach Gleichung (7.1) die Konzentrationsanteile $C_i(x,y,z)$ der Basismaterialien berechnen lassen. Punkte, die außerhalb des Kalibrierdreiecks liegen, werden in der hier realisierten Verfahrensvariante auf die Kanten projiziert.

$$C_i(x,y,z) = \frac{i(x,y,z)}{l_i(x,y,z)} \qquad \text{für} \qquad i = a,b,c \qquad (7.1)$$

Dieses Quantifizierungsverfahren wurde für ein Modellsystem bestehend aus Wasser, PVC und Aluminium näher untersucht. Maßgebend für die Wahl dieser Materialien waren ausreichende Unterschiede im Schwächungsverhalten, die die Voraussetzung für die Konstruktion des Kalibrierdreiecks bilden.

Die Kalibrierprobe, in Abb. 7.3 gezeigt, bestand aus einer Einwegspritze, in der sich ein Aluminiumzylinder und ein PVC-Zylinder sowie eine Schicht Wasser befanden. Da bei diesem Verfahren die Nichtlinearität polychromatischer Strahlung nicht speziell berücksichtigt wird, wurde für die Tomographiemessungen ein 0,3 mm starker Aluminium-Vorfilter verwendet, um Strahlaufhärtungsartefakte zumindest zu reduzieren. In einer ersten Analyse wurde betrachtet, wie die Beschleunigungsspannungen U_{B1} und U_{B2} zu wählen sind, um möglichst große Unterschiede im Schwächungsverhalten zu erreichen.

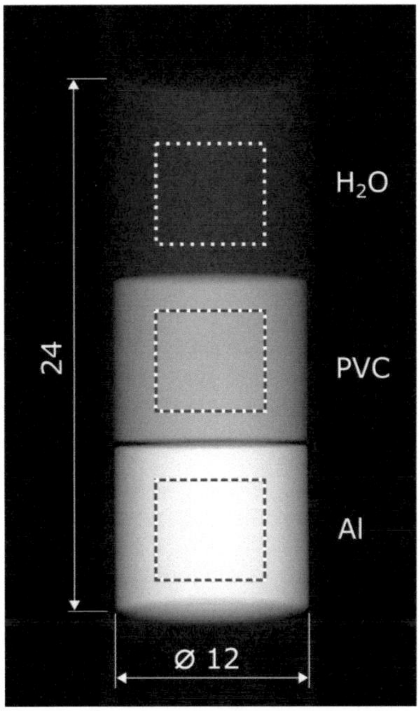

Abb. 7.3: Projektion der Kalibrierprobe für das Post-Reconstruction-DECT-Verfahren

Dazu wurde aus den Projektionen der Kalibrierprobe zwischen 40 kV und 160 kV in einem konstanten Bereich in der Mitte des jeweiligen Materials, markiert durch ein gepunktetes Rechteck in Abb. 7.3, die mittlere Schwächung der Röntgenstrahlung bestimmt und in Abhängigkeit von U_B aufgetragen. In Abb. 7.4 ist deutlich zu erkennen, dass die Schwächungen für Aluminium und PVC mit steigender Beschleunigungsspannung stark abnehmen und einen annähernd parallelen Verlauf aufweisen. Bei Wasser ist nur eine geringe Abnahme zu verzeichnen. Dies wird besonders deutlich, wenn man das Verhältnis R der Schwächungsdifferenzen nach Gleichung (7.2) betrachtet, das, wie in Abb. 7.5 zu sehen ist, linear ansteigt.

$$R(U_B) = \frac{p_{Al}(U_B) - p_{H_2O}(U_B)}{p_{PVC}(U_B) - p_{H_2O}(U_B)} \qquad (7.2)$$

Demzufolge sind die Unterschiede im Schwächungsverhalten umso größer, je größer die Differenz der Beschleunigungsspannungen ist, und deshalb sind die DECT-Messungen bei möglichst unterschiedlichen Spannungen durchzuführen.

Für die Beurteilung dieses Verfahrens anhand des gewählten Modellsystems wurden die Beschleunigungsspannungen U_{B1}=50 kV und U_{B2}=140 kV gewählt, da diese relativ weit auseinander liegen, jedoch immer noch einen stabilen Betrieb der Röntgenröhre bei akzeptablen Strahlungsintensitäten erlauben. Aus den Tomogrammen der Kalibrierprobe wurden die mittleren Grauwerte laut Tab. 7.1 für die Basismaterialien bei U_{B1} und U_{B2} ermittelt, die das Kalibrierdreieck in Abb. 7.6 definieren.

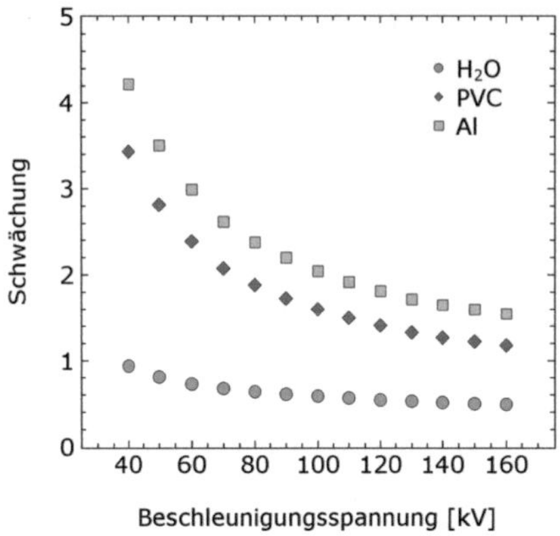

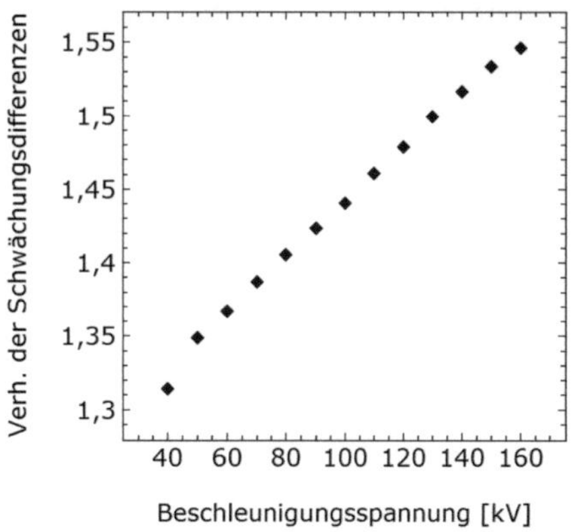

Abb. 7.4: Schwächung in Abhängigkeit der Beschleunigungsspannung für das Modellsystem Wasser-PVC-Aluminium

Abb. 7.5: Verhältnis der Schwächungsdifferenzen für das Modellsystem Wasser-PVC-Aluminium

Tab. 7.1: mittlere Grauwerte der Kalibriermessung für das Post-Reconstruction-DECT-Verfahren

Phase	GW_i *bei* U_B = 50 kV	GW_i *bei* U_B = 140 kV
H_2O	3186	2156
PVC	12376	5813
Al	15708	7581

Dieses Kalibrierdreieck spannt jedoch nur eine sehr kleine Fläche auf, was insbesondere die Unterscheidung zwischen PVC und Übergangsbereich zwischen Aluminium und Wasser erschwert.

Berücksichtigt man, dass die Messungen mit einem Rauschen beaufschlagt sind, ist eine derartige Zerlegung für das untersuchte Modellsystem praktisch unmöglich, wie sich auch in Testmessungen an einer Schüttung aus Al- und PVC-Granulat in Wasser gezeigt hat. Dieses Zerlegungsverfahren stellt somit keinen geeigneten Quantifizierungsansatz für das vorliegende Problem dar.

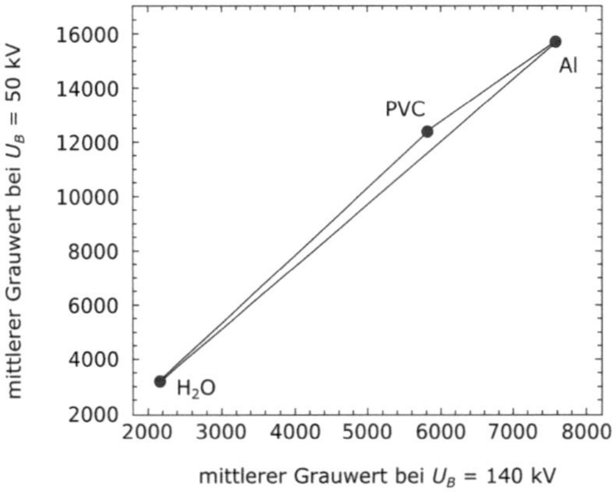

Abb. 7.6: Kalibrierdreieck für das Materialsystem Wasser-PVC-Aluminium bei den Beschleunigungsspannungen 50 kV und 140 kV

7.1.2 Pre-Reconstruction DECT

Obwohl mit dem zuvor beschriebenen Post-Reconstruction-DECT-Verfahren keine erfolgreiche Zerlegung der Tomogramme durchgeführt werden konnte, wurde bei den Untersuchungen zur Wahl der Beschleunigungsspannung deutlich, dass die Charakteristik der energieabhängigen Schwächung stark materialabhängig ist. Ein weiterer aussichtsreicher Ansatz wird deshalb in einer materialselektiven Zerlegung der Projektionen vor der Rekonstruktion gesehen, wofür Alvarez und Macovski [Alvarez1976] ein Verfahren für 2-Material-Systeme beschreiben. Dieses soll zunächst kurz erläutert werden bevor im Anschluss auf die vorgesehene Erweiterung für 3-Material-Systeme eingegangen wird.

Voraussetzung für dieses DECT-Verfahren sind Kalibriermessungen bei zwei unterschiedlichen Energiespektren, die die Gesamtschwächungen p_1 und p_2 in Abhängigkeit der durchstrahlten Dicken t_a und t_b der Basismaterialien in Form von Kalibrierfunktionen beschreiben. Dazu werden die Projektionen einer Kalibrierprobe mit einer definierten Geometrie, bestehend aus den Basismaterialien, bei zwei unterschiedlichen Beschleunigungsspannungen U_{B1} und U_{B2} bestimmt und die Messwerte mit einem geeigneten Ansatz gefittet. Alvarez und Macivsik geben dafür einen Polynomansatz 3. Grades entsprechend Gleichung (7.3) und (7.4) an.

$$p_1(t_a, t_b) = a_1 t_a + a_2 t_b + a_3 t_a^2 + a_4 t_b^2 + a_5 t_a t_b + a_6 t_a^3 + a_7 t_b^3 \quad (7.3)$$

$$p_2(t_a, t_b) = b_1 t_a + b_2 t_b + b_3 t_a^2 + b_4 t_b^2 + b_5 t_a t_b + b_6 t_a^3 + b_7 t_b^3 \quad (7.4)$$

Die Scans der Probe bei U_{B1} und U_{B2} liefern zwei Sätze von Projektionen, sodass mit den Kalibrierfunktionen für jedes Bildpunktpaar dieser Datensätze ein nichtlineares Gleichungssystem aufgestellt werden kann, zu dessen Lösung das Newton-Raphson-Verfahren [McCracken1964] vorgeschlagen wird.
Aus den so gewonnenen und getrennt vorliegenden Datensätzen der durchstrahlten Materialdicken t_a und t_b können völlig analog zum Kalibrierverfahren für 1-Material-Systeme in Abschnitt 4.3 die jeweiligen räumlichen Verteilungen rekonstruiert werden, wobei gleichzeitig eine Kompensation der Strahlaufhärtung erfolgt. Eine Zerlegung in die Konzentrationsanteile ist dann anhand der Peaks für $C = 0{,}0$ und $C = 1{,}0$ in den Histogrammen möglich.
Um diesen prinzipiellen Zerlegungsansatz auf 3-Material-Systeme wie das der Filtrationszelle zu übertragen, ist eine dritte Abhängigkeit erforderlich, wofür die triviale Beziehung herangezogen wird, dass die Gesamtdicke der Probe der Summe der einzelnen Materialdicken entspricht. Für Proben mit einer einfachen und bekannten Geometrie kann die Gesamtdicke entlang der Strahlen direkt aus den Projektionen berechnet werden, sodass sich nach entsprechender Kalibrierung allgemein folgendes Gleichungssystem aufstellen lässt:

$$p_1 = p_1(t_a, t_b, t_c) \quad (7.5)$$

$$p_2 = p_2(t_a, t_b, t_c) \quad (7.6)$$

$$t_{ges} = t_a + t_b + t_c \quad (7.7)$$

Das Acrylrohr der Filtrationszelle kann durch ein Glasrohr ersetzt werden, was lediglich zu einer leichten Verschlechterung des Signal-Rausch-Verhältnisses führt, sodass bei Vernachlässigung von Lufteinschlüssen ein 3-Material-System aus Glas, Wasser und Partikeln in zylindrischer Form vorliegt. Somit ergibt sich im Bezug auf die Verfahrensentwicklung zunächst die Fragestellung, wie die durchstrahlte Dicke eines Zylinders für jeden Bildpunkt aus den Projektionen zu bestimmen ist. Dies ist bei gegebener Kegelstrahlgeometrie und bekanntem Zylinderdurchmesser anhand von geometrischen Betrachtungen möglich.

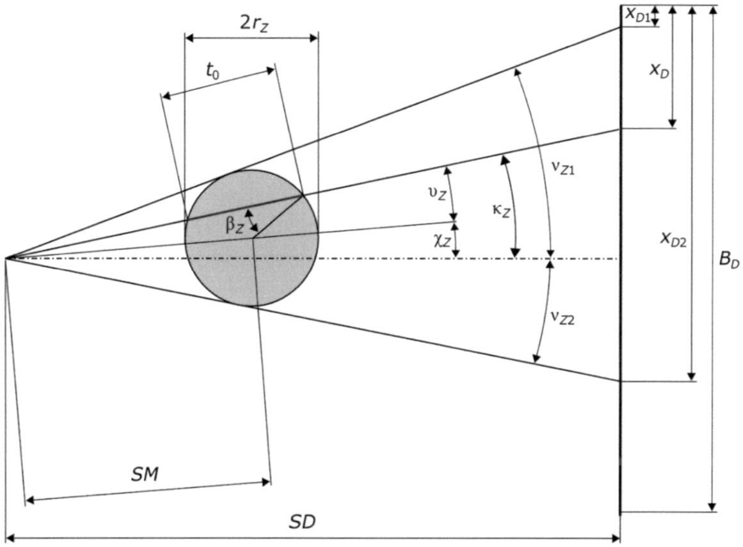

Abb. 7.7: Zylinder im Kegelstrahl, Draufsicht

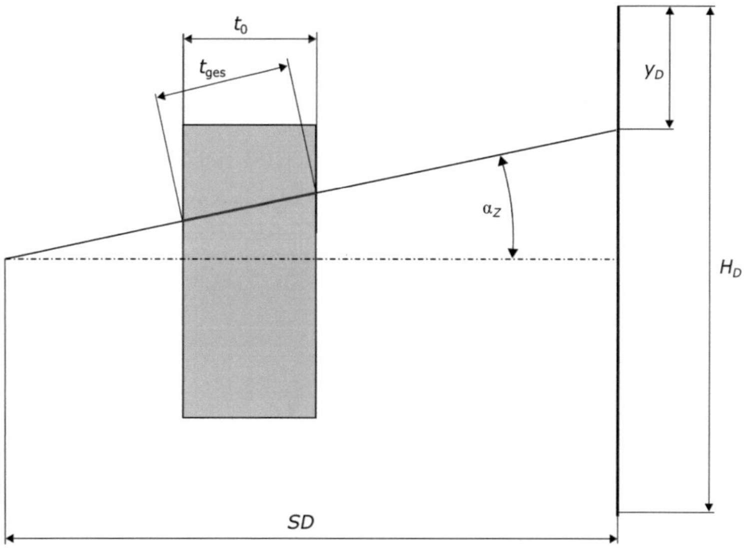

Abb. 7.8: Zylinder im Kegelstrahl, Seitenansicht

$$\nu_{Z1} = \arctan\left(\frac{\frac{B_D}{2} - x_{D1}}{SD}\right) \quad (7.8)$$

$$\nu_{Z2} = \arctan\left(\frac{x_{D1} - \frac{B_D}{2}}{SD}\right) \quad (7.9)$$

$$\nu_Z = \nu_{Z1} + \nu_{Z2} \quad (7.10)$$

$$\chi_Z = \nu_{Z1} - \frac{\nu_{Z2}}{2} \quad (7.11)$$

$$\kappa_Z = \arctan\left(\frac{\frac{B_D}{2} - x_D}{SD}\right) \quad (7.12)$$

$$SM = \frac{r_Z}{\sin\left(\frac{\upsilon_Z}{2}\right)} \quad (7.13)$$

$$\upsilon_Z = \kappa_Z + \chi_Z \quad (7.14)$$

$$\beta_Z = \arcsin\left(\frac{SM \cdot \sin\upsilon}{r_Z}\right) \quad (7.15)$$

$$t_0 = 2r_Z \cdot \cos\beta_Z \quad (7.16)$$

$$\alpha_Z = \arcsin\left(\frac{\frac{H_D}{2} - y_D}{SD}\right) \quad (7.17)$$

$$t_{ges} = \frac{t_0}{\cos\alpha_Z} \quad (7.18)$$

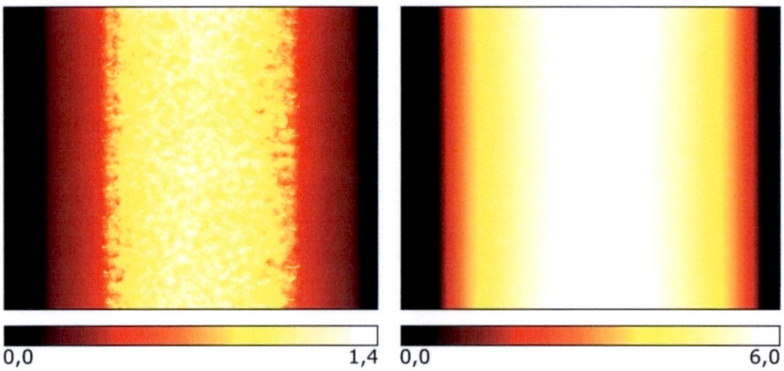

Abb. 7.9: Ergebnis der Dickenbestimmung: Projektion der Filtrationszelle (links) und dazugehöriges Dickenbild (rechts)

Der Rechengang dafür ist durch die Gleichungen (7.8) bis (7.18) beschrieben und die dort verwendeten Bezeichnungen sind in den Abbildungen 7.7 und 7.8 definiert. Diese Methode der Dickenbestimmung der Probe setzt voraus, dass die Probenkontur durch x_{D1} und x_{D2} gegeben ist. Hierfür stellen Kantendetektionsverfahren wie die Hough-Transformation [Hough1959] eine geeignete Möglichkeit dar. Für eine erste Erprobung wurde die Kontur im Weiteren jedoch vereinfacht durch eine Schwellwertvorgabe bestimmt. Das Ergebnis der Dickenbestimmung ist am Beispiel einer Projektion der Filtrationszelle in Abb. 7.19 dargestellt.

Um die Praxistauglichkeit dieses Verfahrens zu untersuchen, wurde zunächst der einfachere Fall des 2-Material-Systems betrachtet, dies jedoch in zwei Varianten. Zum einen wurde die Zerlegung wie bei Alvarez und Macovski auf Grundlage eines Dual-Energy-Scans durchgeführt und zum anderen wurden nur die Bilddaten bei einem Energiespektrum verwendet aus denen ein zweiter Datensatz mit Dickenbildern erzeugt wurde, um ein bestimmtes Gleichungssystem aufstellen zu können.

Das dafür verwendete Modellsystem, dargestellt in Abb. 7.10, besteht aus einer Modellprobe in Form eines Zylinders mit zwei Stiften und einer Kalibrierprobe aus zwei um 90° versetzt angeordneten Keilen. Sowohl die Modellprobe als auch die Kalibrierprobe bestehen aus den Basismaterialien PTFE und Aluminium. Wie auch bei dem DECT-Verfahren in Abschnitt 7.1.1 wurden für das Modellsystem verbreitete Konstruktionsmaterialien verwendet, die einen hinreichenden Kontrastunterschied in den Tomogrammen zeigen. Durch einfache Anpassungen ist eine Erweiterung zum 3-Material-System möglich, wobei durch die Wahl eines stark absorbierenden dritten Materials eine Ähnlichkeit bezüglich des Schwächungsverhaltens zu den Filtrationsexperimenten hergestellt werden kann.

Sowohl die Kalibriermessungen, als auch die Scans der Probe wurden bei den Beschleunigungsspannungen U_{B1} = 50 kV und U_{B2} = 120 kV durchgeführt, woraus signifikant unterschiedliche Schwächungen bei gleichzeitig stabilem Betrieb der Röhre resultierten. Die Kalibriermessung bestand aus der Bestimmung von jeweils 10 Projektionen, die zur Rauschminimierung gemittelt wurden. Anhand der Keil- und Kegelstrahlgeometrie konnten aus den Projektionen für jeden Bildpunkt die Dicken t_a und t_b berechnet werden, sodass eine diskrete Datenmenge zur Ermittlung der Kalibrierfunktionen vorliegt.

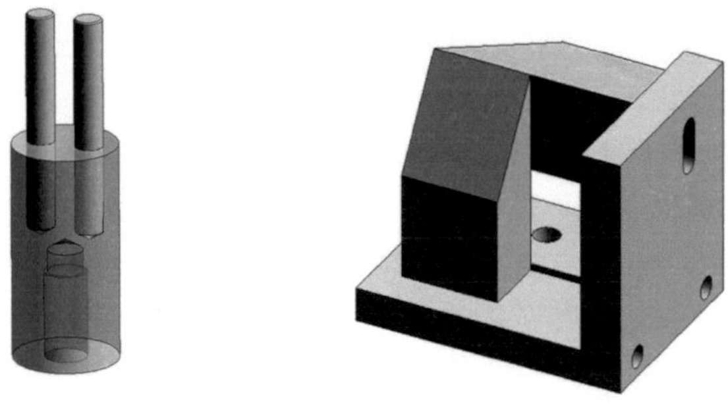

Abb. 7.10: Modellprobe (links) und Kalibrierprobe (rechts) zur Erprobung des Pre-Reconstruktion-Verfahrens

Beim Fitten dieser Daten zeigte sich, dass der Ansatz nach Gleichung (7.3) und (7.4) kein akzeptables Ergebnis liefert und somit eine andere Form der Beschreibung erforderlich ist. Cardinal und Fenster [Cardinal1990] geben zwar einen alternativen Funktionsansatz an, jedoch ist dieser ungleich komplizierter, weshalb diese Variante nicht weiter verfolgt wurde. Satt dessen wurde das Verfahren dahingehend abgewandelt, dass die Dicke t_b als Funktion von p und t_a ausgedrückt wird. Die Kalibrierinformation bleibt durch den Tausch der Größen unverändert, jedoch wird die weitere Behandlung des Problems dadurch wesentlich vereinfacht. Zum einen liefert ein einfacher Polynomansatz 2. Grades entsprechend Gleichung (7.19) und (7.20) eine sehr gute Übereinstimmung und zum anderen ist das Gleichungssystem bereits explizit nach einer Unbekannten aufgelöst, sodass eine analytische Lösung möglich ist.

$$t_b(t_a, p_1) = a_1 t_a + a_2 t_a^2 + a_3 t_a p_1 + a_4 t_a^2 p_1 + a_5 t_a p_1^2 + a_6 p_1 + a_7 p_1^2 \tag{7.19}$$

$$t_b(t_a, p_2) = b_1 t_a + b_2 t_a^2 + b_3 t_a p_2 + b_4 t_a^2 p_2 + b_5 t_a p_2^2 + b_6 p_2 + b_7 p_2^2 \tag{7.20}$$

$$t_{ges} = t_a + t_b \tag{7.21}$$

Die erste Variante, bei der das Gleichungssystem aus (7.19) und (7.20), welches sich auf eine quadratische Gleichung reduzieren lässt, für alle Bildpunktpaare der zwei Datensätze von Projektionen gelöst wurde, lieferte inakzeptabel verrauschte Bilder. Somit konnten aus dieser Datengrundlage keine aussagekräftigen Tomogramme rekonstruiert werden.

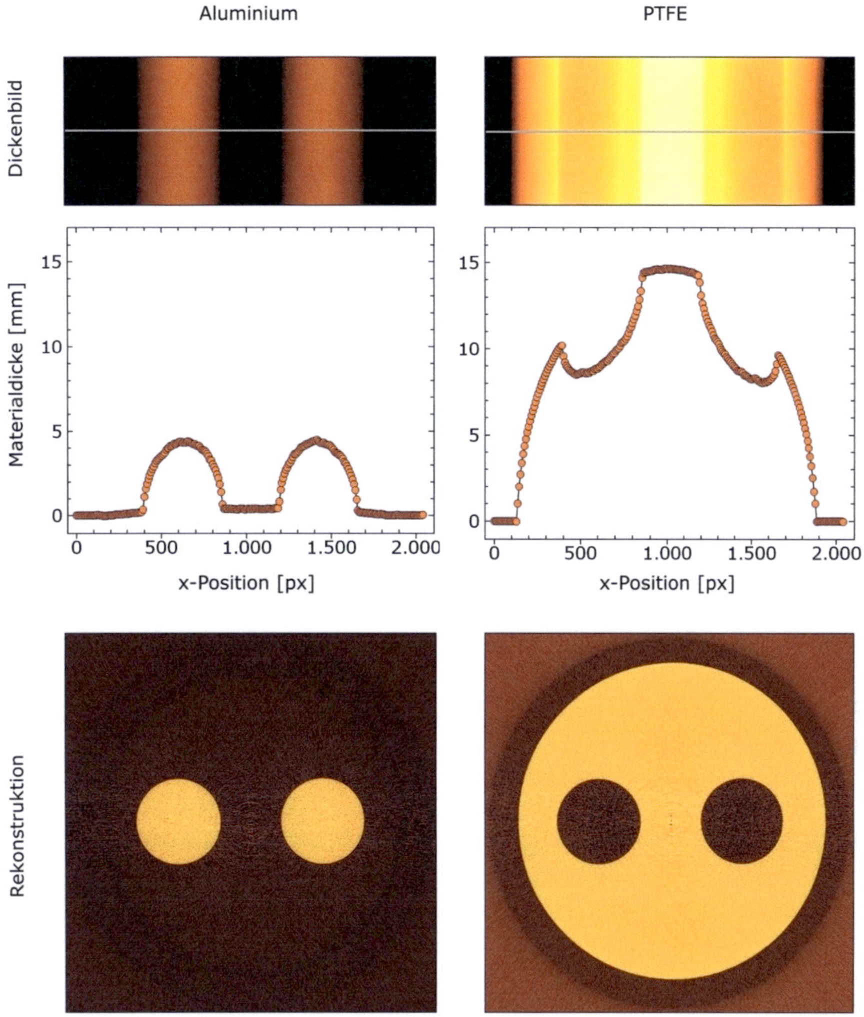

Abb. 7.11: Ergebnis der Bildzerlegung mit dem Pre-Reconstruction-Verfahren in Variante 2 für zylindrische Proben bestehend aus zwei Basismaterialien am Beispiel einer Modellprobe aus PTFE und Aluminium

In der zweiten Variante wurde die Zerlegung anhand des Datensatzes von Projektionen bei 50 kV sowie des dazugehörigen Satzes an Dickenbildern vorgenommen und durch Lösen des Gleichungssystems aus (7.19) und (7.21) für alle Bildpunktpaare realisiert. Diese Methode der Zerlegung lieferte wesentlich bessere Ergebnisse, wie in Abb. 7.11 gezeigt ist. Mit dieser Verfahrensvariante ist es möglich, Tomographiedaten zylindrischer Proben aus zwei Basismaterialien bei gleichzeitiger Kompensation der Strahlaufhärtung in deren Materialanteile zu zerlegen. Da jedoch die Information, die aus den Unterschieden im Schwächungsverhalten verschiedener Materialien bei unterschiedlichen Energiespektren herrührt, praktisch nicht vom Rauschen zu unterscheiden ist, ist eine Erweiterung zum 3-Material-System nicht möglich, sodass auch dieser Verfahrensansatz zur Quantifizierung der Messungen am Filtrationsexperiment verworfen wurde.

7.1.3 Zerlegung und Quantifizierung nach Kantendetektion

Nachdem mit Dual-Energy-Verfahren keine erfolgreiche Zerlegung und Quantifizierung von 3-Material-Systemen durchgeführt werden konnte, wird als dritter Ansatz ein Post-Reconstruction-Verfahren vorgeschlagen, welches auf Tomographiemessungen bei nur einer Beschleunigungsspannung angewendet wird. Die grundlegende Idee dieses Verfahrens besteht darin, zunächst Regionen im Bild zu identifizieren, die sicher und vollständig einem Material zugeordnet werden können. Ausgehend von dieser Erstzuordnung werden benachbarte Bereiche betrachtet, die dann zumindest anteilig ebenfalls diese Materialien enthalten müssen. Somit handelt es sich bei dieser Methode zur Bildzerlegung um ein mehrstufiges Verfahren.

Die Unterscheidung zwischen Übergangsbereichen und Nicht-Übergangsbereichen erfolgt dabei auf Grundlage einer Kantendetektion. Wie auch bei dem Post-Reconstruction-Verfahren in Abbschnitt 7.1.1 werden verschiedene Materialien durch entsprechende Grauwerte GW_i repräsentiert, die zunächst in Kalibriermessungen zu bestimmen sind. Die Anzahl N der Materialien, in die zerlegt werden kann, ist dabei theoretisch unbegrenzt, sodass im Bezug auf die Auswertung der Tomogramme des Filtrationsexperimentes zusätzlich der Luftanteil als vierte Materialkomponente in die Quantifizierung mit einbezogen werden kann. Praktisch ist eine Begrenzung jedoch dadurch gegeben, dass sich alle Komponenten in den Tomogrammen mit hinreichendem Kontrast unterscheiden müssen, was deren Anzahl zwangsläufig limitiert.

Um anhand des Grauwertes G im Tomogramm und der mittleren Grauwerte GW_i aus den Kalibriermessungen auf die Konzentrationsanteile C_i zu schließen ist eine geeignete Formulierung erforderlich, die den Zusammenhang wischen diesen Größen beinhaltet. Geht man von einer linearen Abhängigkeit zwischen Konzentration und Grauwert aus, die durch die Untersuchungen von Rahn [Rahn2011, Rahn2014] bestätigt wurde, ergibt sich durch Superposition Gleichung (7.22) als allgemeine Formulierung der Bilddaten, die die Grundlage dieses Zerlegungsverfahrens bildet.

$$G = \sum_{i=1}^{N} C_i(x, y, z) \cdot GW_i \tag{7.22}$$

Das Zerlegungsverfahren gliedert sich in folgende fünf Bildverarbeitungsschritte, die im Anschluss an die Beschreibung des Modellsystems detailliert erläutert werden:

(1) Kantendetektion
(2) Erstzuordnungen
(3) Auffinden und Zuordnen von Übergangsbereichen zwischen zwei Materialien
(4) Bestimmung der Partikelkonzentration
(5) Interpolation nicht zugeordneter Bildpunkte

Modellsystem

Die Entwicklung und Validierung des Verfahrens erfolgte anhand von 3 Modellproben, die aus bildverarbeitungstechnischer Sicht eine hohe Ähnlichkeit mit der Filtrationszelle aufweisen. Zur Herstellung der Modellproben wurden Acrylglas-Rohre mit einer Glaskugelschüttung (Worf Glaskugeln GmbH), deren mittlerer Kugeldurchmesser 1000 µm beträgt, befüllt und mit einer Suspension aus Polyurethan (ELANTAS Beck GmbH) und den Mo-Partikeln des Filtrationsexperiments vergossen. Anschließend wurden die Proben 90 Minuten bei einer Temperatur von 60 °C ausgehärtet. Wie auch bei der Filtrationszelle wirken die Acrylglas-Rohre in den Tomographiemessungen als Vorfilter, wodurch

Strahlaufhärtungsartefakte reduziert werden. Das Polyurethan (PU), bestehend aus dem Füllstoff Bectron PU 4501 und dem Härter Bectron PH 4901 im Verhältnis 2:1 gemischt, hat ein annähernd gleiches Absorptionsverhalten wie das Wasser im Filtrationsexperiment. Die Verwendung von PU als Ersatzstoff für Wasser ermöglicht jedoch die Herstellung homogen durchmischter Suspensionen und form- sowie langzeitstabiler Proben. Die Massen der jeweiligen Komponenten wurden während der Probenherstellung mit einer Feinwaage APX-200 (Denver Instrument) sehr präzise bestimmt, sodass bei bekannten Dichten ρ_{Glas}=2,23 g/mm^3, ρ_{PU}=1,06 g/mm^3 und ρ_{Mo}=10,28 g/mm^3 die Gesamtvolumenkonzentration in den Modellproben berechnet werden kann. Die Massen der Partikel, die in den Proben sehr gering sind, ergeben sich aus den Massen der Suspensionen und den bekannten Partikelkonzentrationen c_I=2,377 Gew.%, c_{II}=6,899 Gew.% und c_{III}=0,477 Gew.% in den Suspensionen. Diese Modellproben, dargestellt in Abb. 7.12, wurden anschließend mit denselben Scan- und Rekonstruktionsparametern, die auch für das Filtrationsexperiment verwendet wurden, tomographiert.

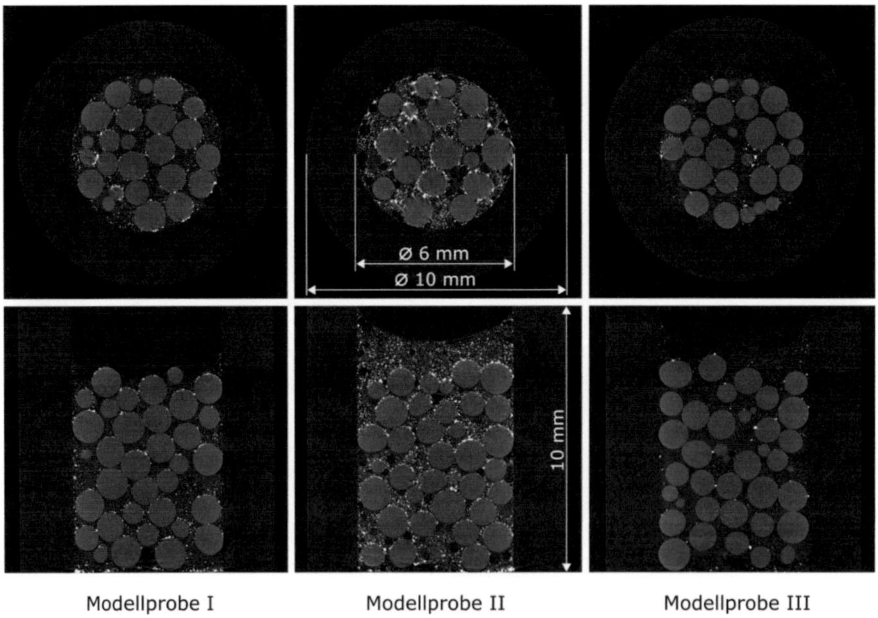

Abb. 7.12: horizontale (oben) und vertikale (unten) Schnittbilder der Tomogramme der Modellproben I, II und III

Lediglich die Vergrößerung – hier 7,7 – weicht, bedingt durch die Probengröße, davon ab.

Zur Ermittlung der Grauwerte, welche die jeweiligen Materialien mit der Konzentration C_i = 1,0 repräsentieren, wurden drei Kalibriermessungen mit ebenfalls diesen Parametern durchgeführt. Die Kalibrierproben bestanden aus den gleichen Acrylglas-Rohren wie die Modellproben, in die eine Glaskugelschüttung in Luft, eine in PU eingegossene Glaskugelschüttung sowie ein 50 µm starker Mo-Draht in einer PU-Glas-Matrix eingebracht wurden. Sowohl die Modell- als auch die Kalibrierproben wurden in einem ersten Nachbearbeitungsschritt mit den Referenzgrauwerten $GW_{\mathrm{ref},1}$ = 117 für Acryl und $GW_{\mathrm{ref},2}$ = 1586 für Glas kalibriert, um die Vergleichbarkeit der Messungen zu gewährleisten.

Die mittleren Grauwerte GW_i und die Standardabweichungen σ_i von Glas, PU und Luft wurden durch Fitten der Stack-Histogramme mit der Gauß'schen Verteilungsfunktion bestimmt, wie in Abb. 7.13 und 7.14 gezeigt ist.

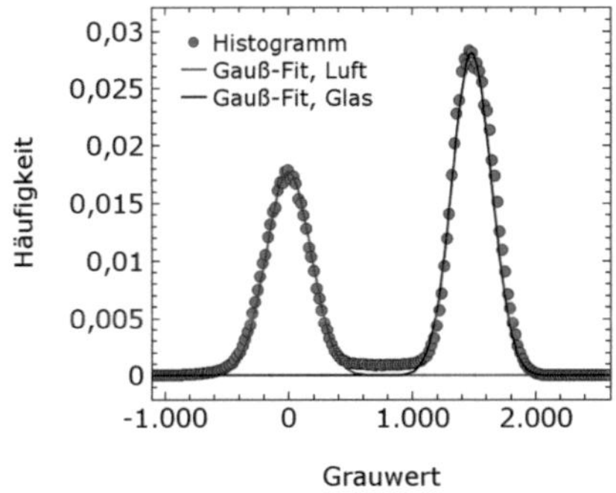

Abb. 7.13: Stack-Histogramm der trockenen Glaskugelschüttung

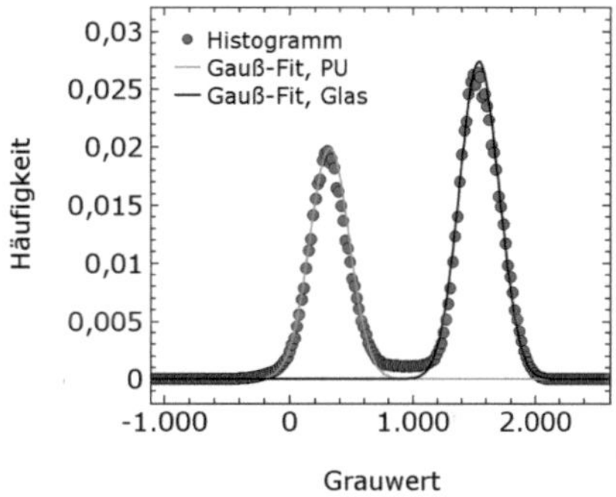

Abb. 7.14: Stack-Histogramm der Glaskugelschüttung in PU

Die Kalibrierwerte für Molybdän, welches Röntgenstrahlung sehr stark absorbiert, wurden aus dem Tomogramm der Kalibrierprobe mit dem Mo-Draht ermittelt. Dort wurde in 20 Schichten *GW* und σ in einer Region bestimmt, in der ausschließlich Molybdän abgebildet ist, und anschließend gemittelt. Der Drahtdurchmesser wurde so gewählt, dass eine Mittelung über einem Durchmesser von 3-4 Pixeln möglich ist, eine Verfälschung durch *cupping* jedoch weitestgehend ausgeschlossen wird. Die Ergebnisse der Kalibriermessungen sind in Tabelle 7.2 zusammengefasst und die Verfahrensschritte werden im weiteren am Beispiel von Modellprobe I gezeigt

Tab. 7.2: Ergebnisse der Kalibriermessungen für das Modellsystem Luft-PU-Glas-Mo

Phase	mittlerer Grauwert GW_i	Standardabweichung σ_i
Luft	0	180
Polyurethan	320	160
Glas	1510	160
Molybdän	109932	3687

(1) Kantendetektion

Die Identifikation von Übergangsbereichen erfolgt auf Grundlage einer Kantendetektion durch Festlegung eines empirischen Kantenschwellwertes *eth*, wie in Abb. 7.15 gezeigt.

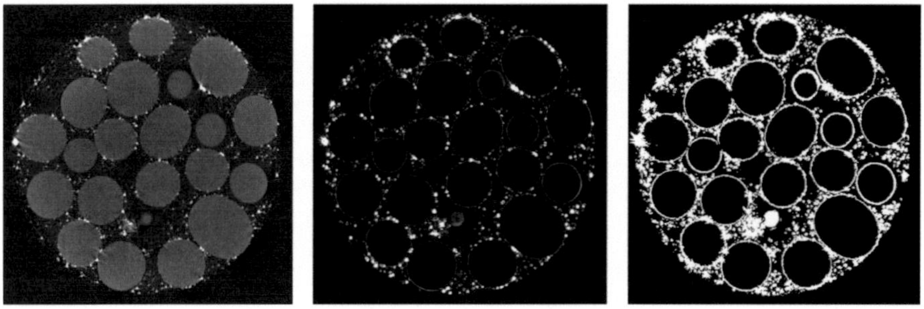

Abb. 7.15: horizontale Schicht des Tomogramms von Modellprobe I – Originalbild (links), Kantenbild (Mitte) und Binärbild der Übergangsbereiche auf Grundlage des Kantenschwellwerts (rechts)

Die Kantendetektion ist ein Standardverfahren in der Bildverarbeitung, für das verschiedene Operatoren verwendet werden können, die qualitativ ähnliche Ergebnisse liefern. Die Wahl im Rahmen dieses Verfahrens fiel auf den Sobel-Operator [Duda1973], da die damit gewonnenen Kantenbilder gegenüber der Verteilung des Gradienten ein günstigeres Signal-Rausch-Verhältnis aufweisen [Burger2006]. Um das 3D-Kantenbild zu erhalten wurde das Tomogramm der Probe in allen Raumrichtungen mit den Filtermatrizen (7.23) und (7.24) entsprechend Gleichung (7.25) gefaltet und aus den so gewonnenen richtungsabhängigen 2D-Kantenbildern nach Gleichung (7.26) die richtungsunabhängigen Beträge der Kantenstärke bestimmt.

$$S_x = \begin{bmatrix} 1 & 0 & -1 \\ 2 & 0 & -2 \\ 1 & 0 & -1 \end{bmatrix} \quad (7.23) \qquad S_y = S_z = \begin{bmatrix} 1 & 2 & 1 \\ 0 & 0 & 0 \\ -1 & -2 & -1 \end{bmatrix} \quad (7.24)$$

$$E_i = G * S_i \quad (7.25)$$

$$E(x,y,z) = \sqrt{E_x(x,y)^2 + E_y(x,y)^2 + E_z(x,z)^2} \quad (7.26)$$

(2) Erstzuordnung

Anhand des Kantenbildes und der mittleren Grauwerte der Basismaterialien wird die Erstzuordnung von Nicht-Übergangsbereichen entsprechend Gleichung (7.27) vorgenommen.

$$C_i(x,y,z) = 1{,}0 \quad \text{für} \quad G(x,y,z) = GW_i \pm tol \cap E(x,y,z) < eth \quad (7.27)$$

$$\text{mit} \quad i = 1;2;3$$

Da die Bilddaten verrauscht und artefaktbehaftet sind, ist dazu eine Toleranzvorgabe *tol* erforderlich. Empirische Betrachtungen haben gezeigt, dass die doppelte Standardabweichung als Toleranz zufriedenstellende Ergebnisse liefert. Kommt es zu Überschneidungen in den Grauwertbereichen der Materialien, ist diese Toleranz entsprechend kleiner zu wählen. Dies war hier für Luft und PU der Fall, weshalb für diese Komponenten die einfache Standardabweichung als Toleranz vorgegeben wurde. Durch die Tolerierung werden gleichzeitig Bildfehler und Rauschen in gewissen Grenzen kompensiert.

Das Kriterium zur Definition von Nicht-Übergangsbereichen ist der subjektiv gewählte Kantenschwellwert *eth*, der im vorliegenden Fall mit 2000 festgelegt wurde. Dieser Kantenschwellwert ist tendenziell eher zu niedrig zu wählen, um Fehlzuordnungen in Übergangsbereichen zuverlässig auszuschließen.

Da kleine Partikel in der Regel vollständig oder zu großen Teilen in Übergangsbereichen liegen, können diese so nicht detektiert werden und es ist zur

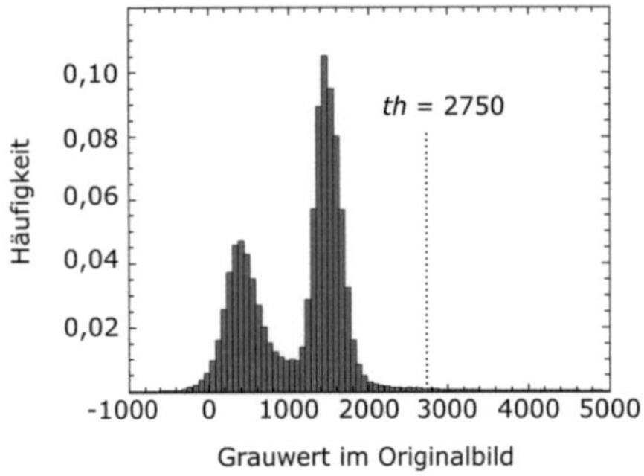

Abb. 7.16: Schwellwert im Histogramm des in Abb. 7.15 gezeigten Originalbildes

Lokalisierung der Partikel, die das am stärksten absorbierende Material in diesem System darstellen, ein anderes Vorgehen erforderlich. Deshalb wird die räumliche Konzentrationsverteilung C_4 entsprechend (7.28) vorläufig 1,0 gesetzt, wenn der Grauwert G im Tomogramm einen Schwellwert th übersteigt und somit sicher davon ausgegangen werden kann, dass in diesem Voxel anteilig Partikel abgebildet sind.

$$C_4(x,y,z) = 1{,}0 \qquad \text{für} \qquad G(x,y,z) \geq th \tag{7.28}$$

$$C_1(x,y,z) = 1{,}0 \qquad \text{für} \qquad G(x,y,z) < GW_1 \tag{7.29}$$

Dieser Schwellwert beträgt hier 2750 und ist so zu wählen, dass eine eindeutige Abgrenzung gegenüber dem am zweitstärksten absorbierenden Material gewährleistet ist, wie das Histogramm in Abb. 7.16 zeigt. Die Konzentration des Partikelmaterials in diesen Bildpunkten wird anschließend in einem separaten Schritt ermittelt.

Außerdem wird Bildpunkten deren Grauwert G kleiner ist als der mittlere Grauwert des am schwächsten absorbierenden Materials - hier Luft – entsprechend (7.29) die Konzentration C_1 = 1,0 zugewiesen.

Alle Bildpunkte, die nicht eindeutig und vollständig einem Material zuzuordnen sind, werden in einem Binärbild $U(x,y,z)$ vermerkt, welches die Zustände 0 für behandelt und 1 für bisher unbehandelt hat. Die weitere Bildzerlegung beschränkt sich somit auf diese unbehandelten Voxel. Das Ergebnis dieses zweiten Verfahrensschrittes ist in Abb. 7.17 dargestellt.

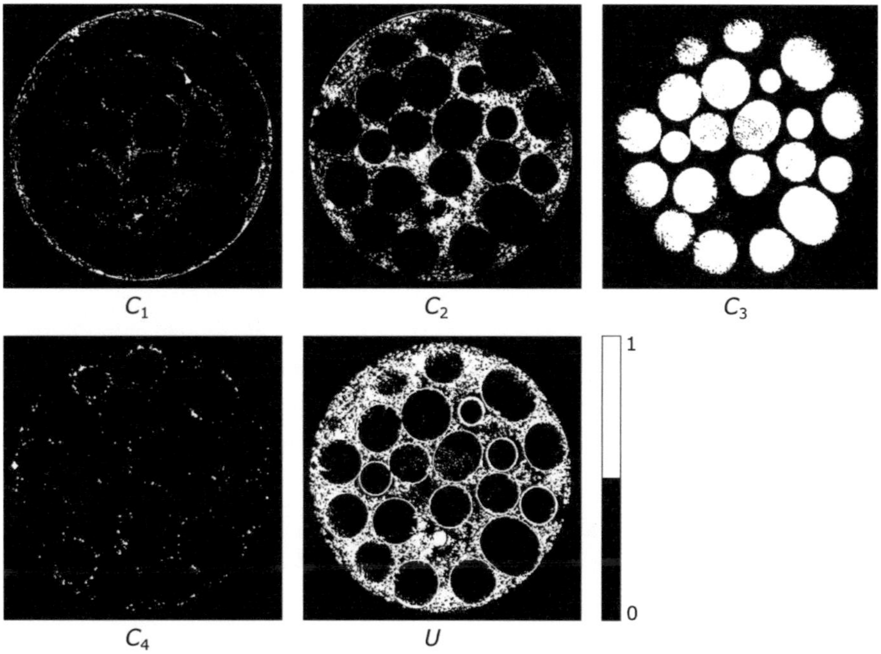

Abb. 7.17: Ergebnis der Erstzuordung und bisher unbehandelte Bildpunkte

(3) Auffinden und Zuordnen von Übergangsbereichen zwischen zwei Materialien

Sind in einem Bildpunkt nur zwei Materialien A und B anteilig vorhanden und ist bekannt, um welche Materialien es sich dabei handelt, können für diese Punkte die jeweiligen Konzentrationsanteile berechnet werden. Dazu ist ein lineares Gleichungssystem aufzustellen, dessen erste Abhängigkeit (7.30) in der auf zwei Materialien reduzierten Form der allgemeinen Formulierung (7.22) des Bildes besteht und dessen zweite Abhängigkeit durch die Konzentrationsbilanz (7.31) gegeben ist.

$$G(x,y,z) = C_A(x,y,z) \cdot GW_A + C_B(x,y,z) \cdot GW_B \tag{7.30}$$

$$1 = C_A(x,y,z) + C_B(x,y,z) \tag{7.31}$$

$$A;\ B \in \{1;2;\ldots;N\}$$

Somit ergibt sich zunächst die Aufgabe, diese Bereiche ausfindig zu machen und die darin befindlichen Materialien zu bestimmen. Alle Bildpunkte, die nicht vollständig einem Material zugeordnet sind, sind potentielle Übergangsbereiche und in der unmittelbaren Umgebung von Bildpunkten, die vollständig einem Material zugeordnet wurden, wird davon ausgegangen, dass dieses Material anteilig vorhanden ist. Um diese Umgebung bildverarbeitungstechnisch zu definieren wird eine Dilatation (7.33) durchgeführt. Dabei handelt es sich um die Anwendung eines Maximumfilters H auf ein Binärbild, der bewirkt, dass Bildbereiche mit dem Wert 1 um einen Radius *r* anwachsen, der durch die Gestalt der Filtermatrix H definiert ist. In einem Zwischenschritt sind zunächst entsprechend Gleichung (7.32) Binärbilder aus den bisher ermittelten Konzentrationsverteilungen C_i zu generieren, mit denen anschließend die Dilatation durchgeführt wird.

$$B_i(x,y,z) = 1 \qquad \text{für} \qquad C_i(x,y,z) > 0 \tag{7.32}$$

$$D_i(x,y,z) = B_i(x,y,z) \oplus \mathrm{H}_i \tag{7.33}$$

Für das hier betrachtete System liegen als Ergebnis dieser Operation nun vier dreidimensionale Dilatationsbilder D_i vor, deren Summe der Anzahl an Materialien entspricht, die in einem unbehandelten Bildpunkt vorhanden sind oder vorhanden sein könnten, was für eine horizontale Schicht in Abb. (7.18) illustriert ist.

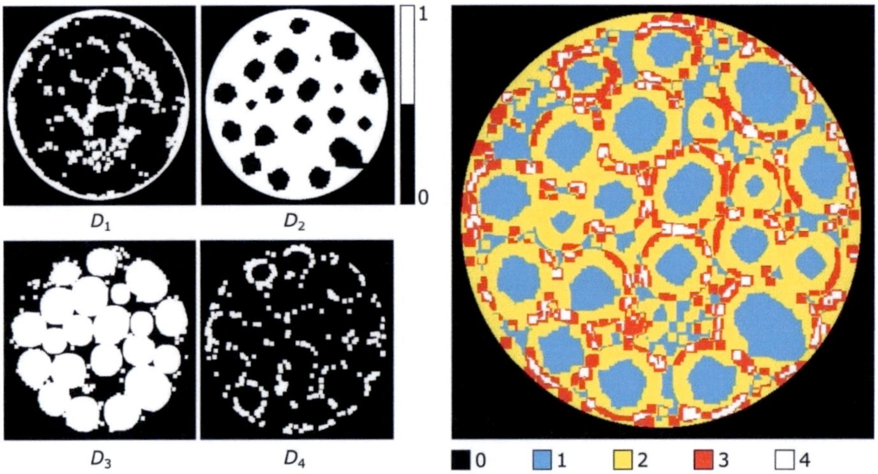

Abb. 7.18: Dilatationsbilder (links) und Summe der Dilatationsbilder (rechts)

Hat diese Summe den Wert 2, so heißt das, dass in diesem Voxel zwei Materialien abgebildet sind, die anhand der Dilatationsbilder bestimmt werden können, sodass ein Zerlegen dieser Bildpunkte durch Lösen des Gleichungssystems aus (7.30) und (7.31) möglich ist. Bedingt durch Rauschen und Artefakte liefert diese Rechnung zum Teil Konzentrationen kleiner als 0,0 bzw. größer als 1,0. Diese offensichtlich falschen Lösungen werden entsprechend den Gleichungen (7.34) und (7.35) korrigiert.

$$C_i(x,y,z) = 0{,}0 \qquad \text{für} \qquad C_i(x,y,z) < 0 \tag{7.34}$$

$$C_i(x,y,z) = 1{,}0 \qquad \text{für} \qquad C_i(x,y,z) > 0 \tag{7.35}$$

Da so nicht alle Bildpunkte mit zwei Materialien in einem Durchlauf identifiziert werden können, wird dieser Zerlegungsschritt in mehreren Iterationen mit abnehmenden Radien für die Dilatation wiederholt, wobei der Radius für das Material *i* und die Iteration *j* entsprechend der Abklingfunktion (7.36) definiert wurde.

$$r_{ij} = r_{i0} \cdot \delta^j + 1 \tag{7.36}$$

In dem hier beschriebenen Beispiel wurden 15 Iterationen durchgeführt mit den Startradien $r_{10} = r_{30} = r_{40} = 5$ px bzw. $r_{20} = 20$ px und der Abklingkonstante $\delta = 0{,}8$, sodass nun das Zwischenergebnis laut Abb. 7.19 vorliegt.

(4) Bestimmung der Partikelkonzentration

Dieser vierte Verfahrensschritt ist erforderlich, um die Bildpunkte, in denen der Partikelkonzentration C_4 bei der Erstzuordnung der Wert 1,0 zugewiesen wurde, in den tatsächlichen Partikelanteil und den Anteil des zweiten Materials zu zerlegen. Im Gegensatz zur Situation bei Beginn der Bildzerlegung sind nun jedoch die Konzentrationen C_i in der näheren Umgebung dieser Bildpunkte weitestgehend bekannt, sodass mit einer Vorgehensweise, die im Wesentlichen analog zu der in Schritt (3) ist, eine Zerlegung dieser Bildpunkte möglich ist.

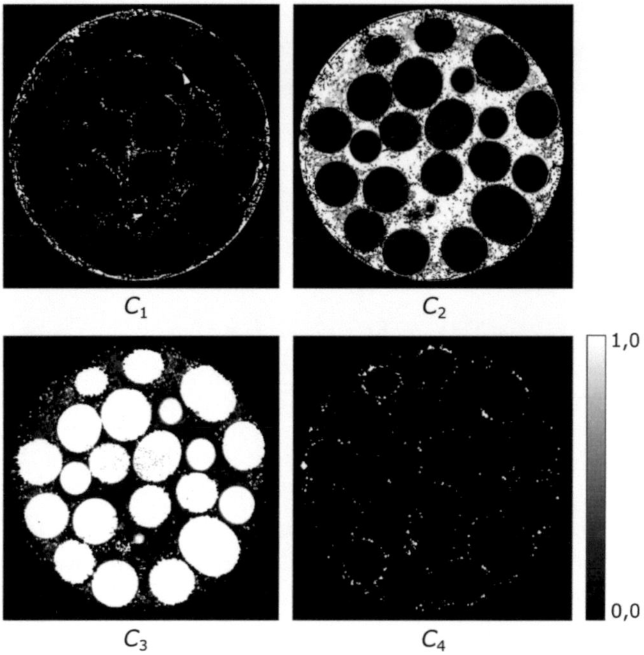

Abb. 7.19: Zwischenergebnis der Bildzerlegung nach Auffinden und Zuordnen von Übergangsbereichen zwischen zwei Materialien

Dafür werden zunächst aus den bisherigen Konzentrationsverteilungen wieder Binärbilder erzeugt, wobei diesmal der Wert immer dann 1 ist, wenn das entsprechende Material mit der höchsten Konzentration in diesem Bildpunkt vertreten ist.

Mit diesen Binärbildern wird eine Dilatation mit dem konstanten Radius r = 1 px durchgeführt, sodass es zu einer Überlappung zwischen Regionen mit dem Wert 1 in den Dilatationsbildern und Bildpunkten mit unbekanntem Partikelanteil kommt. In diesen Überlappungsbereichen werden die Konzentrationsanteile dann durch Lösen des Gleichungssystems aus (7.30) und (7.31) berechnet. Auch für diesen Zerlegungsschritt sind wieder mehrere Iterationen erforderlich. Die maximale Anzahl an Iterationen wurde für den hier gezeigten Fall mit N = 15 gewählt.

(5) Interpolation bisher nicht zugeordneter Voxel

Mit den bisherigen Verfahrensschritten kann der überwiegende Teil (>95%) des Tomogramms in die Konzentrationsanteile $C_i(x,y,z)$ zerlegt werden, jedoch verbleiben meist einige unbehandelte Bildpunkte. Diese liegen in der Regel in Übergangsbereichen zwischen drei und mehr Materialien oder in stark verrauschten Regionen. Da jedoch die Konzentrationsverteilung in dem Großteil der umgebenden Bildpunkte bekannt ist, steht eine ausreichende Datenmenge zur Verfügung, um die Konzentrationen in diesen Voxeln zu interpolieren. Diese 3D-Interpolation wurde nach der Shepard-Methode [Shepard1968] durchgeführt, die problemspezifisch einigen Modifikationen unterzogen wurde. Jeder zu interpolierende Punkt $C_i(x,y,z)$ ergibt sich dabei nach Gleichung (7.36) aus den umliegenden Punkten $C_{ik}(x_k,y_k,z_k)$ und den dazugehörigen Gewichten q_k.

$$C_i(x,y,z) = \frac{\sum_{k=0}^{N} C_{ik}(x_k,y_k,z_k) \cdot q_k}{\sum_{k=0}^{N} q_k} \tag{7.37}$$

Diese Gewichte sind der reziproke Abstand zu dem zu interpolierenden Bildpunkt, potenziert mit dem Exponenten τ.

$$q_k = \frac{1}{w_k^{\tau}} \tag{7.38}$$

$$w_k = \sqrt{(x-x_k)^2+(y-y_k)^2+(z-z_k)^2} \tag{7.39}$$

Die Modifikationen gegenüber dem Original-Verfahren bestehen darin, dass man nicht aus dem gesamten Datensatz interpoliert, sondern nur eine eingeschränkte Umgebung mit dem Radius $r = 3$ px einbezieht, was zu einer deutlichen Reduzierung des Rechenaufwandes führt. Um dabei zu gewährleisten, dass genug Datenpunkte vorliegen, wird eine minimale Anzahl an Punkten $N_{min} = 15$ in diesem Bereich vorgegeben und die Interpolation in mehreren Iterationen wiederholt, bis die Menge der unbehandelten Bildpunkte vollständig in die

Konzentrationsanteile zerlegt ist. Außerdem wurden abweichend zur ursprünglichen Variante die Gewichte mit $\tau = 3$ berechnet und somit der Erweiterung vom 2D- zum 3D-Verfahren Rechnung getragen.

Ergebnis der Bildzerlegung

Das Ergebnis dieses Bildzerlegungsverfahrens ist in Abb. 7.20 am Beispiel von Modellprobe I gezeigt und in Tab. 7.3 sind für alle drei Modellproben die so ermittelten Materialanteile den aus der Probenherstellung bekannten Anteilen gegenübergestellt.

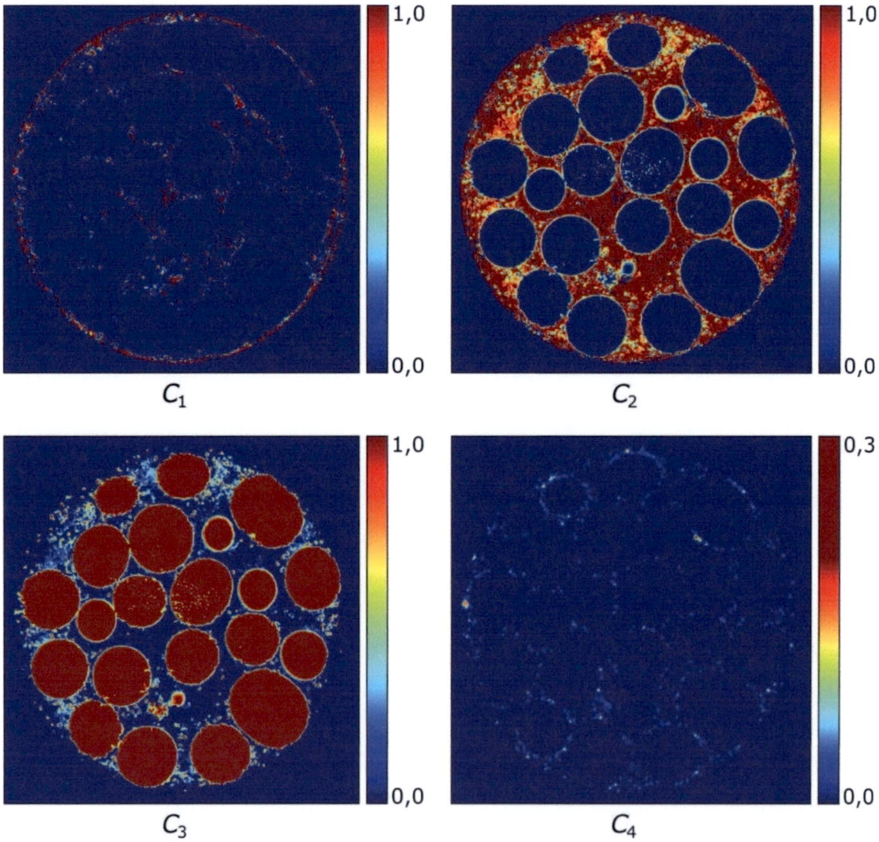

Abb. 7.20: Ergebnis der Bildzerlegung am Beispiel der in Abb. 7.15 gezeigten Schicht von Modellprobe I

In Abb. 7.20 ist deutlich zu erkennen, dass für den überwiegenden Teil der Bildpunkte eine korrekte Zuordnung von Grauwert zu Material und Konzentration erfolgte.

Tab. 7.3 Gegenüberstellung von Volumina und absoluten Konzentrationsanteilen der vier Phasen aus Probenherstellung und Bildzerlegung der Modellproben

Phase	m [x 10^{-3} g]	V_{IST} [mm^3]	C_{IST} [%]	V_{BZ} [mm^3]	C_{BZ} [%]	rel. Fehler [%]
Modellprobe I						
Luft	-	67,551	24,074	77,029	27,452	14,0
PU	99,1	93,478	33,315	80,244	28,598	-14,2
Glas	266,1	119,327	42,527	123,049	43,854	3,1
Molybdän	2,413	0,235	0,084	0,288	0,096	14,5
Modellprobe II						
Luft	-	51,392	17,987	48,457	16,960	-5,7
PU	125,3	118,221	41,377	108,181	37,863	-8,5
Glas	256,9	115,202	40,320	128,286	44,900	11,4
Molybdän	9,286	0,903	0,316	0,859	0,301	-4,9
Modellprobe III						
Luft	-	52,608	17,776	77,765	26,246	47,8
PU	123,0	116,047	39,167	87,749	29,616	-24,4
Glas	284,5	127,578	43,059	130,715	44,177	2,5
Molybdän	0,589	0,057	0,019	0,061	0,021	6,6

Die höchste Übereinstimmung wurde dabei für das Material Glas erzielt, welches großvolumig in der Probe vorliegt und sich mit hohem Kontrast von den übrigen Komponenten abhebt. Lediglich in Modellprobe II, die einen sehr hohen Anteil an Mo-Partikeln enthält, ist der relative Fehler größer als 10 %. Aufgrund von

Strahlaufhärtung, die mit steigendem Partikelanteil zunimmt, aber auch aufgrund der erhöhten Anzahl sehr kleiner Partikel kommt es in dieser Probe vermehrt zu Fehlerkennung von Partikeln in der PU-Matrix.

Ebenfalls eine hohe Übereinstimmung wurde für die Mo-Partikel erzielt, für die der maximale Fehler bei 14,5 % liegt. Die Tatsache, dass diese höchste Abweichung in Modellprobe I mit einem moderaten Partikelanteil auftritt, wohingegen die anderen beiden Modellproben mit deutlich höherem bzw. niedrigem Partikelanteil eine geringere Abweichung aufweisen zeigt, dass dieses Quantifizierungsverfahren zur Analyse eines breiten Beladungsbereichs der Filter geeignet ist.

Der hohe Kontrast, mit dem die Mo-Partikel gegenüber den übrigen Materialien abgebildet sind, führt hier zu einer Unempfindlichkeit gegenüber Fehlerkennungen sowie einer verminderten Fehlerausbreitung. Dennoch ist stets ein Kompromiss zwischen Beladung und Schwächungskoeffizient des Partikelmaterials, der den Kontrast im Tomogramm maßgeblich beeinflusst, zu treffen. Sowohl sehr hohe Beladungen als auch stark absorbierende Materialien in der Probe führen zu verstärkter Strahlaufhärtung und als Konsequenz davon zu Quantifizierungsfehlern.

Ein objektiver Vergleich zwischen diesem Quantifizierungsverfahren und einer Quantifizierung auf Grundlage von Binärbildern ist nicht möglich, da die Festlegung des Schwellwerts zur Binarisierung stets subjektiv ist. Vergegenwärtigt man sich jedoch, dass das Volumen eines Voxels hier 350mal so groß ist wie das eines durchschnittlichen Partikels, wird offensichtlich, dass eine aussagekräftige Quantifizierung auf Grundlage von Binärbildern für Objektgrößen nahe und unterhalb der Auflösungsgrenze nicht möglich ist.

Es ist aber auch zu erkennen, dass eine Unterscheidung zwischen Luft und PU nur schwer möglich ist, da sich die Grauwertbereiche dieser Komponenten teilweise überlappen. Dies zeigt die Grenzen dieses Verfahrens auf und unterstreicht die Bedeutung hoher Kontrastunterschiede. Es ist jedoch eine zuverlässige Zerlegung in die Materialien Glas und Molybdän möglich, was für die Studien am Filtrationsexperiment von vordergründigem Interesse ist.

Eine weitere mögliche Anwendung dieses Bildverarbeitungsverfahrens besteht in der inversen Verwendung zum Glätten von Bildern. Dies war jedoch nur bei ausgewählte Proben mit hohen Kontrastunterschieden für alle darin enthaltenen

Materialien zielführend. Das geglättete Bild wird dabei entsprechend Gleichung (7.22) im Anschluss an die Bildzerlegung aus den Konzentrationsanteilen und den mittleren Grauwerten der Kalibriermessungen berechnet. Rauschen und Artefakte werden durch die Toleranzvorgabe in Schritt (2) deutlich reduziert, wohingegen praktisch kein Verlust an Kantenschärfe zu verzeichnen ist, da die Bildinformation in Übergangsbereichen in den Schritten (3) - (5) weitestgehend unverändert bleibt.

7.2 Untersuchungen am Filtrationsexperiment

7.2.1 Anwendung des Quantifizierungsverfahrens auf die Tomographiedaten des Filtrationsexperiments

Das in Abschnitt 7.1.3 beschriebene Zerlegungsverfahren wurde ohne weitere Anpassungen auf die Tomogramme der Filtrationsmessungen angewendet. Aufgrund der nahezu identischen Materialsysteme und der annähernd gleichen Morphologie der Proben, wird auch die erreichbare Genauigkeit von ca. ± 15 % bezüglich der Partikelkonzentration für diese Daten als Fehlerangabe zugrunde gelegt. Ebenso wurden die überwiegend empirisch ermittelten Zerlegungsparameter für die Filtrationsmessungen beibehalten und lediglich die mittleren Grauwerte und Standardabweichungen der Basismaterialien in einer weiteren Kalibriermessung erneut bestimmt. Mit dieser erneuten Kalibriermessung wird auf die Größenunterschiede zwischen Modellproben und Filtrationszelle reagiert. Der Ablauf der Kalibrierprozedur blieb dabei unverändert.

Die Kalibrierwerte für Luft, Wasser und Glas wurden aus Tomogrammen des trockenen bzw. mit Wasser gefluteten Filterbetts bestimmt. Die Datengrundlage für die Bestimmung der Kalibrierwerte von Molybdän bildete ein Tomogramm der gefluteten Filtrationszelle, in die ein Mo-Draht mit einem Durchmesser von 50 µm eingespannt war. Die Ergebnisse dieser Kalibriermessungen - zusammengefasst in Tab. 7.4 - liegen in derselben Größenordnung wie die des Modellsystems, was zeigt, dass die variierende Vergrößerung und die Verwendung von Ersatzstoffen zur Validierung nur einen geringfügigen Einfluss haben. Diese leichten Abweichungen sind durch eine veränderte Ausprägung der Strahlaufhärtung aufgrund der geringeren Probengröße zu begründen.

Tab. 7.4: Ergebnisse der Kalibriermessungen für das Filtrationsexperiment

Phase	mittlerer Grauwert GW_i	Standardabweichung σ_i
Luft	100	200
Wasser	500	200
Glas	1350	170
Molybdän	88060	1670

Das Ergebnis der Zerlegung ist beispielhaft in Abb. 7.21 dargestellt und bestätigt im optischen Eindruck eine gute Übertragbarkeit des Verfahrens auf die Daten der Filtrationsexperimente.

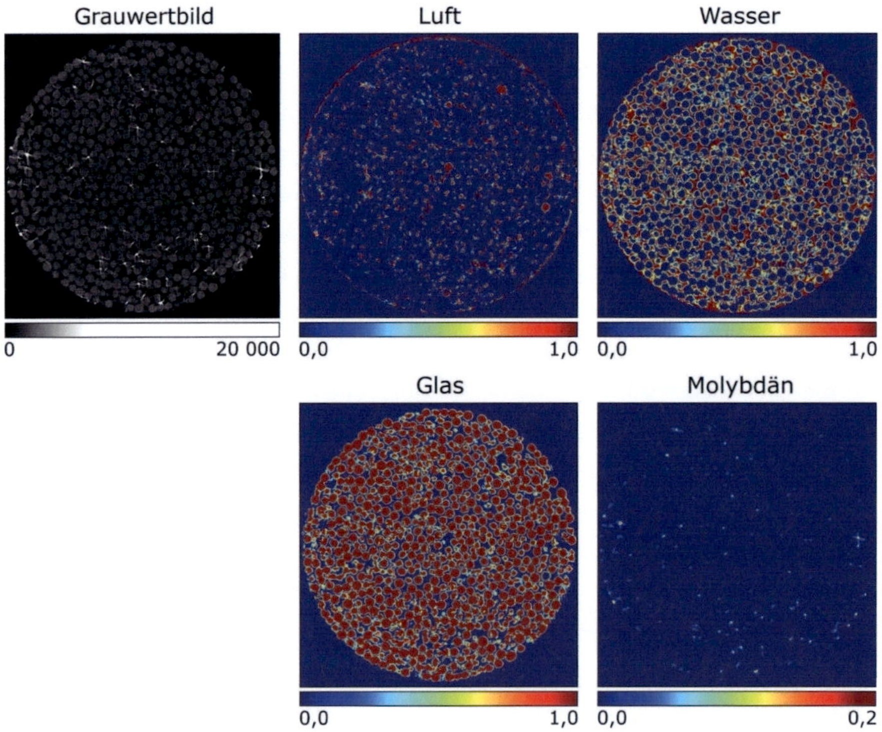

Abb. 7.21: Ergebnis der Bildzerlegung für die Daten des Filtrationsexperiments am Beispiel einer horizontalen Schicht des Tomogramms bei einer Filtrationsdauer von 120 min in einer Filterbetttiefe von 5 mm.

Es bestätigt sich jedoch auch, dass die Unterscheidung zwischen Luft und Wasser aufgrund der geringen Kontrastunterschiede auch hier problematisch ist. Diese Materialanteile sind für die weitere Auswertung zunächst jedoch von sekundärem Interesse und eine Korrelation von Abscheidungsorten und Filterbettstruktur ist auf dieser Datengrundlage problemlos möglich.

7.2.2 Radiales Abscheidungsprofil

Die radialen Abscheidungsprofile, dargestellt in Abb. 7.22, zeigen die mittlere Partikelkonzentration und die mittlere lokale Porosität im messbaren Bereich der Filtrationszelle, aufgetragen über dem relativen Wandabstand.

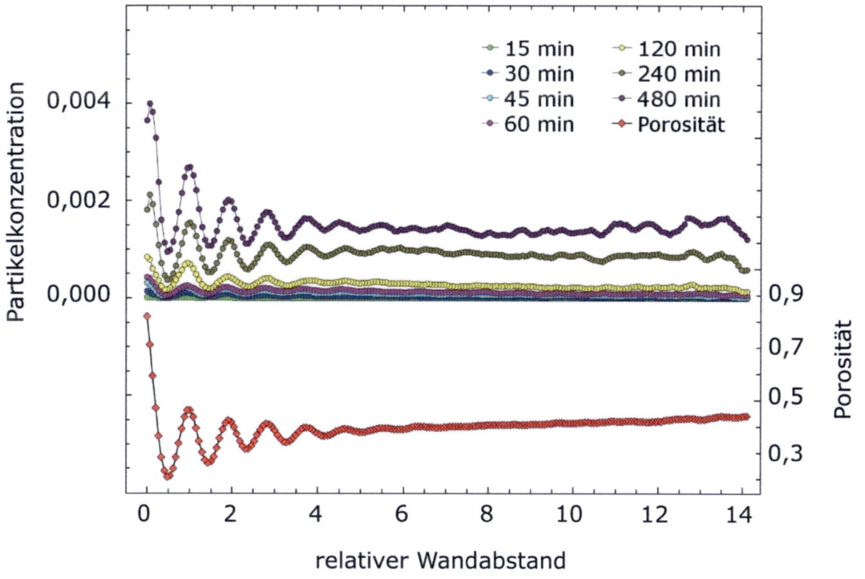

Abb. 7.22: Radiale Verteilung der lokalen Porosität und der mittleren Partikelabscheidungen im Filtrationsexperiment für verschiedene Filtrationszeiten.

Ein erstes Charakteristikum, welches in dieser Profildarstellung deutlich wird, besteht darin, dass bei lokalen Maxima und Minima der Porosität stets auch die gleichen Extrema in der Partikelverteilung auftreten. Dies wurde bereits im Rahmen des Vorgängerprojektes [Waske2011] mit Synchrotronstrahlung beobachtet, wodurch noch einmal bestätigt ist, dass Messungen an Laboranlagen eine geeignete Alternative darstellen, insbesondere, da dieser Effekt hier wesentlich ausgeprägter festgestellt werden kann. Wie auch bei Waske ist dieses Verhalten durch ein bevorzugtes Abscheiden der Partikel in den Zwickeln der Kugelschüttung zu erklären, die aufgrund der Randordnungseffekte gehäuft bei lokalen Maxima der Porosität auftreten. Dieses Ergebnis liefert auch die visuelle Begutachtung der Tomogramme.

Wie in Abb. 7.23 zu sehen ist, treten jedoch im Randbereich nicht nur bei ganzzahligen relativen Wandabständen vermehrt Zwickel auf, sondern auch dazwischen, bei lokalen Minima der Porosität. Dort jedoch werden besonders wenig Partikel abgeschieden.

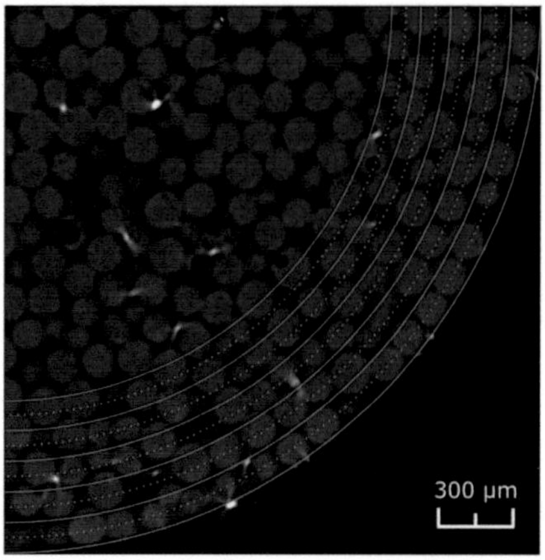

Abb. 7.23: Verläufe der Maxima (durchgehende rote Linien) und Minima (gepunktete rote Linien) in einem Ausschnitt einer horizontalen Schicht eines Tomogramms der Filtrationszelle.

Die wahrscheinlichste Ursache für dieses Phänomen wird darin gesehen, dass in Wandnähe diese Zwickel von darüber liegenden Kugeln abgedeckt werden, weshalb die Partikel nicht zu diesen potentiellen Abscheidungsorten hingelangen.

Diese Dominanz der Zwickelabscheidung führt zu der Hypothese, dass bei der hier betrachteten Konstellation von Filtrationsparametern Sedimentation und Trägheit die vorherrschenden Antransportmechanismen darstellen. Dass die Abscheidung hauptsächlich in den Zwickeln stattfindet, deutet darauf hin, dass keine anziehende Wechselwirkung zwischen Partikeln und Kollektoren vorliegt, sondern das Haften aufgrund von Formschluss erfolgt, da der mittlere Partikeldurchmesser deutlich über der von Luckert [Luckert2004] angegebenen Grenze von maximal 500 nm liegt und die Zeta-Potential-Messungen keine eindeutige Zuordnung zu anziehenden oder abstoßenden Wechselwirkungen ergaben. Demzufolge ist auch davon auszugehen, dass diesem Formschluss kein Antransport aufgrund abstoßender Wechselwirkungen voraus geht.

Eine zweite Auffälligkeit, die die radialen Profile zeigen, ist die Zunahme der Partikelabscheidungen zum Rand hin. Das Absinken der lokalen Strömungsgeschwindigkeit infolge höherer lokaler Porosität begünstigt die Sedimentation der Partikel in diesen Regionen, was zu verstärkten Partikelabscheidungen in diesen Bereichen führt. Die zeitliche Zunahme der Partikelabscheidungen zeigt keine lokalen Auffälligkeiten und wird im Folgenden anhand der axialen Abscheidungsprofile näher betrachtet.

7.2.3 Axiales Abscheidungsprofil

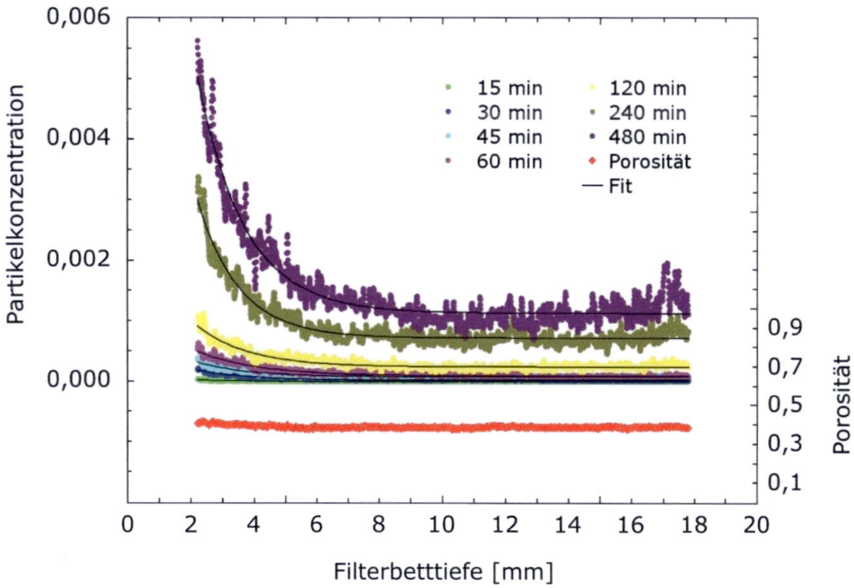

Abb. 7.24: Axiale Verteilung der lokalen Porosität und der mittleren Partikelabscheidungen im Filtrationsexperiment für verschiedene Filtrationszeiten.

Der Verlauf der axialen Abscheidungsprofie in Abb. 7.24 zeigt prinzipiell den exponentiell abfallenden Verlauf, der auch von Iwasaki prognostiziert wird und der statistisch mit der Abnahme der Partikelkonzentration in der Suspension zu begründen ist.

Es ist jedoch besonders bei langen Filtrationszeiten auffällig, dass ab einer Filterbetttiefe von etwa 7 bis 9 mm die Abscheidungsprofile in einen Bereich der Sättigung übergehen, der mit steigender Filtrationsdauer zunimmt. Eine erste mögliche Ursache dafür stellt die vorhandene Partikelgrößenverteilung dar. Große Partikel können der Strömung schwerer folgen, bleiben also eher in den komplexen Kanalstrukturen des Filterbetts hängen und werden bereits in den oberen Filterlagen abgeschieden. Kleinere Partikel hingegen dringen tiefer in den Filter ein und zeigen ein signifikant anderes Abscheidungsverhalten.

Als zweite mögliche Ursache für diese Charakteristik kommt ein zufälliges Wiederablösen bereits abgeschiedener Partikel in Betracht. Ein Ablösen der Partikel infolge des mehrfachen Unterbrechens des Filtrationsvorgangs für die Tomographiemessungen kann jedoch ausgeschlossen werden, da Filtrationsversuche, in denen die Zelle 480 min durchgehend durchströmt wurde, ebenfalls diesen Bereich der Sättigung zeigten. Eine Aussage darüber, welche dieser möglichen Ursachen dominiert, ist bei der vorliegenden Datengrundlage nicht möglich.

Um dieses charakteristische Verhalten zu beschreiben wird Gleichung (2.9) um einen linearen zeitabhängigen Term zu Gleichung (3.40) erweitert, wobei der Sättigungseffekt mit dem empirischen Faktor k_S beschrieben ist.

$$C(z,t) = v_F \cdot \varepsilon \cdot t \cdot \lambda \cdot c_0 \cdot e^{-\lambda \cdot z} + k_S \cdot t \tag{7.40}$$

Die Eintrittskonzentrationen c_0 unmittelbar vor dem Filterbett ist nicht exakt bekannt, da deutliche Sedimentation in dem zuführenden Schlauch beobachtet wurde und somit davon ausgegangen werden muss, dass c_0 kleiner ist als die Partikelkonzentration in der angemischten Suspension. Deshalb sind sowohl c_0 als auch λ und k_S durch Fitten der Messwerte zu bestimmen. Die zeitlichen Verläufe dieser Kennzahlen zur Beschreibung des axialen Abscheidungsprofils sind in Abb. 7.25 dargestellt. Darin ist deutlich zu erkennen, dass sich alle drei Kennzahlen erst nach ca. 100 bis 200 min um einen Wert einpegeln, was zeigt, dass aussagekräftige Werte nur aus Untersuchungen bei längeren Filtrationszeiten gewonnen werden können.

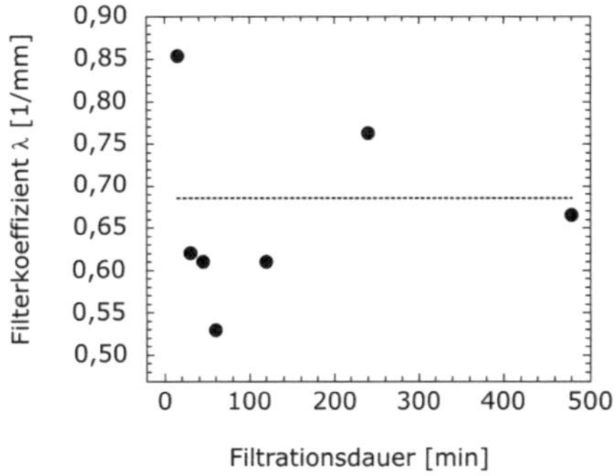

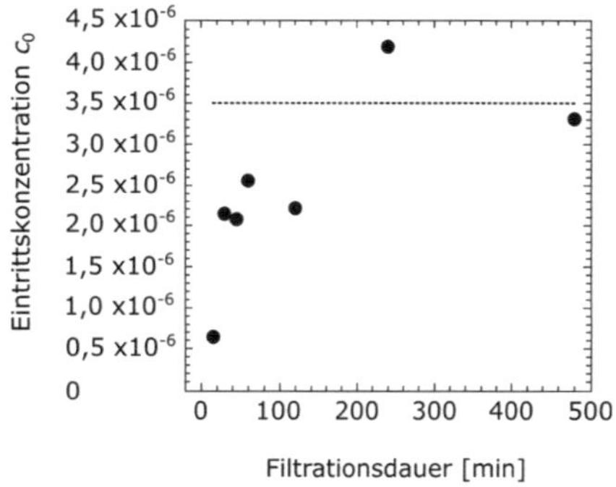

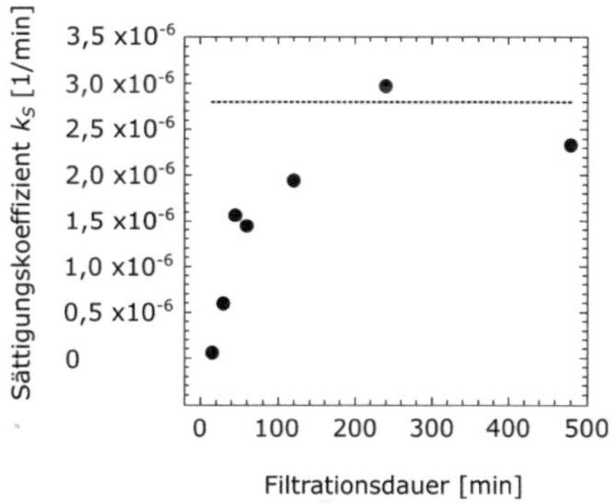

Abb. 7.25: zeitlicher Verlauf der Fitparameter des axialen Abscheidungsprofils

Ein erhebliches Problem bei diesem Modellsystem stellt die schlechte Reproduzierbarkeit der Ergebnisse dar, wodurch künftige Untersuchungen, in denen aus gezielten Variationen im Vergleich Rückschlüsse auf den Einfluss einzelner Filtrationsparameter gezogen werden sollen, nicht möglich sind. Bei den Versuchen die Messungen zu reproduzieren zeigten sich deutliche Abweichungen bezüglich der Gesamtmenge an abgeschiedenen Partikeln, jedoch konnten qualitativ ähnliche Ergebnisse mit exponentiellem Abfall und Sättigungsbereichen beobachtet werden. Diese Abweichung der absoluten Werte stellen somit keinen Widerspruch zur Interpretation der Abscheidungsprofile dar. Das primäre Ziel der weiteren Bemühungen ist jedoch durch Anpassungen des Modellsystems und der experimentellen Randbedingungen quantitativ reproduzierbare Ergebnisse zu erhalten.

7.2.4 Variation der Partikel

Die maßgebliche Ursache für die Reproduktionsschwierigkeiten wird in der ausgeprägten Neigung der Partikel zur Sedimentation gesehen. Diese ist durch die Sinkgeschwindigkeit v_{Sed} nach Stokes [Stieß2009] entsprechend Gleichung (7.41) quantifizierbar und von der Partikelgröße sowie der Dichtedifferenz zwischen Trägerflüssigkeit und Partikelmaterial abhängig. Um auf dieses Problem zu reagieren, wurden in einer ersten Parametervariation im Rahmen einer studentischen Arbeit [Pfützner2015] verschiedene alternative Partikelsysteme untersucht.

$$v_{Sed} = \frac{g \cdot d_{Part}^2 \cdot (\rho_{Part} - \rho_{Fl})}{18 \cdot \eta_{Fl}} \tag{7.41}$$

Neben der Verringerung der mittleren Sinkgeschwindigkeit bleibt dabei die Forderung nach einem hinreichend hohen Kontrast in den Tomogrammen bestehen, der vorrangig von der effektiven Ordnungszahl des Partikelmaterials abhängt, die hier mit $x = 2{,}94$ nach Furetta [Furetta2009] bestimmt wurde. Die relevanten Eigenschaften der untersuchten Partikel aus Zinnasche (SnO_2), Titanoxid (TiO_2) und Kobaltblau ($(Co,Zn)_2SiO_4$) sind in Tab. 7.5 denen der Mo-Partikel gegenübergestellt.

Tab. 7.5: Eigenschaften der untersuchten Partikelsysteme

Material	$d_{Part, mean}$ [µm]	ρ_{Part} [g/cm³]	Z_{eff}	v_{Sed} [m/s]
Mo	2,2	10,3	42	$0{,}271 \times 10^{-7}$
SnO_2	0,8	6,9	45,5	$0{,}025 \times 10^{-7}$
TiO_2	0,5	4,3	18,5	$0{,}006 \times 10^{-7}$
$(Co,Zn)_2SiO$	4,2	4,1	25,7	$0{,}394 \times 10^{-7}$

Die theoretischen Betrachtungen zum Sedimentationsverhalten und Kontrast der Partikel bestätigten sich auch in den Experimenten. So sedimentieren die Partikel aus Titanoxid und Zinnasche weitaus weniger stark als die aus Molybdän und Kobaltblau. Dies ist in erster Linie auf den geringeren mittleren Partikeldurchmesser zurückzuführen und weniger auf die Dichtedifferenz zu

Wasser, da der Partikeldurchmesser quadratisch in die Sinkgeschwindigkeit eingeht. Die SnO_2-Partikel sind jedoch aufgrund der hohen Ordnungszahl mit deutlich höherem Kontrast in den Tomogrammen sichtbar als die TiO_2-Partikel und werden deshalb für weitere Filtrationsexperimente favorisiert.

In zwei Filtrationsversuchen wurde untersucht, inwieweit mit diesen Partikeln reproduzierbare Messungen durchgeführt werden können. Dazu wurde die Filtrationszelle mit einer Glaskugelschüttung (d_{Kol} = 250 – 300 µm) befüllt, 1200 s mit einer Suspension aus Wasser und SnO_2-Partikel durchströmt und im oberen Drittel tomographiert.

Die axialen Profile in Abb. 7.26, die in Ermangelung eines geeigneten Kalibrierkörpers für SnO_2 qualitativ durch Schwellwertvorgabe aus den Tomogrammen ermittelt wurden, zeigen, dass die Abscheidungsprofile der Partikel in derselben Größenordnung liegen, sodass mit diesen Partikeln in künftigen Untersuchungen reproduzierbare Ergebnisse zu erwarten sind.

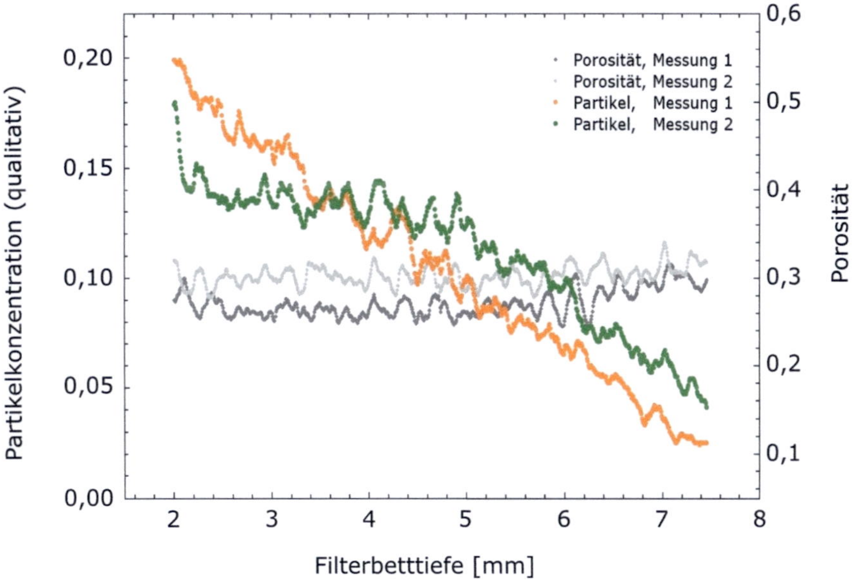

Abb. 7.26: Axiale Verteilung der lokalen Porosität und der mittleren Partikelkonzentration im Filtrationsexperiment für SnO_2-Partikel bei einer Filtrationsdauer von 1200 s in einem Filterbett aus Glaskugeln mit einem Durchmesser von 250 - 300 µm aus Daten laut [Pfützner2015]

Dass bei einer vergleichsweise kurzen Filtrationsdauer wesentlich mehr Partikel in die Filtrationszelle gelangen bestätigt außerdem, dass ein Großteil der Mo-Partikel bereits während des Transports zum Filterbett hin sedimentiert.
In Langzeitstudien stellte sich jedoch heraus, dass die SnO_2-Partikel während der Lagerung agglomerieren, was sowohl in den Messungen am Filtrationsexperiment als auch in Analysen mit Lichtmikroskopie deutlich wurde. Diese Agglomerate konnten jedoch durch Ultraschallbehandlung aufgebrochen werden, woraus sich für weitere Untersuchungen die dringende Empfehlung ableitet, diese Maßnahme zur Stabilisierung der Suspension obligatorisch durchzuführen.

7.2.5 Auswirkungen von Luftblasen im Filterbett

Ein weiterer Einflussfaktor, der im Rahmen dieser Arbeit untersucht wurde, ist die Anwesenheit von Luftblasen im Filterbett und deren Auswirkung auf das Abscheidungsverhalten der Partikel. Die Wahl dieses Filtrationsparameters begründet sich zum einen dadurch, dass in realen Filtern Luftblasen in der Regel vorhanden sind und nicht, wie im Modellsystem, gezielt vermieden werden. Zum anderen wurde in Vorversuchen beobachtet, dass es an der Phasengrenze zwischen Luft und Wasser vermehrt zu Partikelabscheidungen kommt, was potentiell eine Möglichkeit zur Erhöhung des Rückhaltevermögens von Tiefenfiltern darstellt.
Dazu wurden wieder Experimente an einem Filterbett aus Glaskugeln mit einem Durchmesser von 250 – 300 µm durchgeführt, in das mit der Schlauchquetsch-pumpe, die um einem luftführenden Schlauch erweitert wurde, definiert Luftblasen von unten eingebracht wurden. In den Tomogrammen, die sich auch hier auf das obere Drittel der Zelle beschränkten, konnte beobachtet werden, dass sich zwei Typen von Blasen ausbilden, die in Abb. 7.27 gezeigt sind.
Einerseits treten kleine sphärische Blasen auf, die sich in den Zwischenräumen des Filterbetts absetzten und andererseits entsteht eine zweite charakteristische Blasenform, die wesentlich größer ist und die Kugeln des Filterbetts großräumig verdrängt, wodurch auch die Anzahl der Zwickel in diesen Bereichen reduziert wird. Die so mit Blasen versetzte Filtrationszelle wurde in zwei Versuchen mit einer Suspension aus Wasser und SnO_2-Partikeln 1200 s lang durchströmt und tomographiert. Die Tomogramme wurden in der Nachbearbeitung mit einem

Gauß-Filter geglättet und durch Multi-Schwellwert-Vorgabe qualitativ in die Phasenanteile zerlegt.

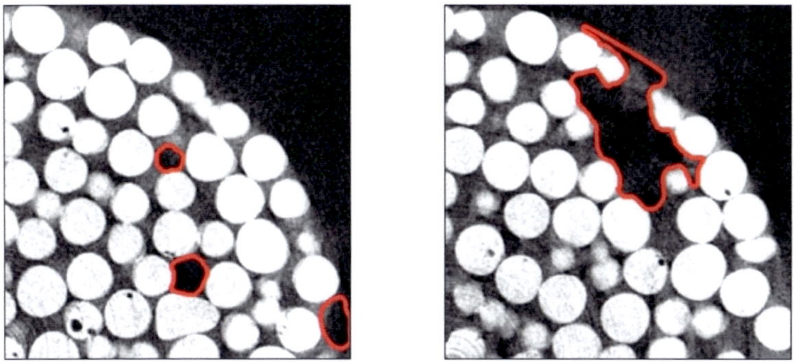

Abb. 7.27: charakteristische Blasenformen in Kugelschüttungen [Pfützner2015]

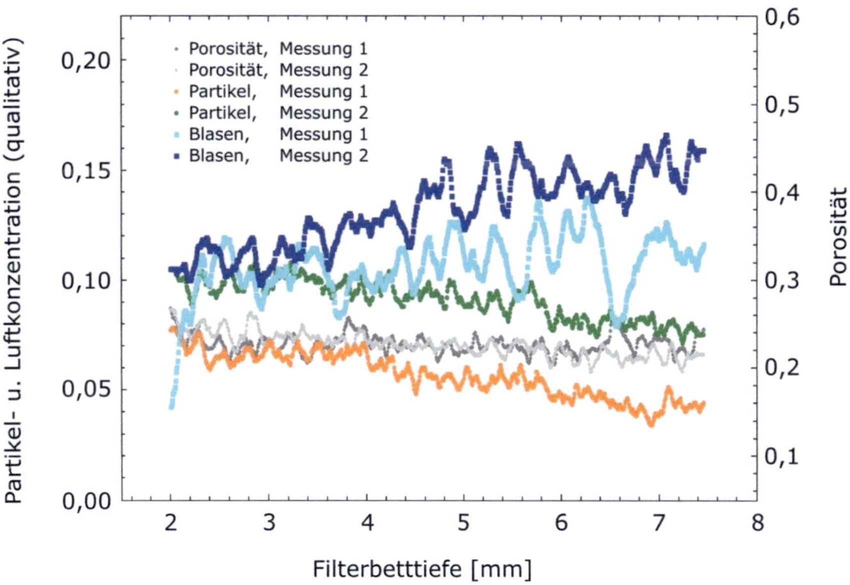

Abb. 7.28: Axiale Verteilung der lokalen Porosität, der mittleren Partikelkonzentration sowie der Luftblasenkonzentration im Filtrationsexperiment mit SnO_2-Partikel bei einer Filtrationsdauer von 1200 s in einem Filterbett aus Glaskugeln mit einem Durchmesser von 250 - 300 µm aus Daten laut [Pfützner2015]

In den axialen Profilen in Abb. 7.28 sind folgende Einflüsse durch Luftblasen zu beobachten: Die mittlere Porosität in der Filtrationszelle wird herabgesetzt, da Zwischenräume teilweise von Blasen eingenommen werden, und liegt hier etwa bei 0,20 - 0,25. Im Vergleich zum blasenfreien Fall aus dem vorangegangenen Abschnitt ist der Abfall der Abscheidungsprofile deutlich flacher und es lagern sich insgesamt weniger Partikel in diesem Bereich der Zelle an. Außerdem bestätigte sich bei der Betrachtung der Tomogramme, dass neben der Zwickelabscheidung auch ein Anlagern der Partikel an den Grenzflächen zwischen Wasser und Luft stattfindet.

Somit liegen zwei gegenläufige Effekte aufgrund der Luftblasen vor, wobei anhand der Abscheidungsprofile geschlussfolgert werden kann, dass der Einfluss der Zwickelverdrängung dominiert.

Um in künftigen Untersuchungen zu analysieren, wie das Rückhaltevermögen durch gezielte Ausnutzung von Grenzflächeneffekten erhöht werden kann, ergibt sich somit als Zielstellung für weiteren Studien die Form der Lufteinschlüsse zu kontrollieren.

8 Zusammenfassung und Ausblick

8.1 Zusammenfassung

Die zentrale Zielstellung der Arbeit bestand darin, durch die Auslegung eines geeigneten Modellsystems Labortomographieanlagen, die in hohem Umfang verfügbar sind, für Tiefenfiltrationsexperimente zu erschließen. Da die in den Tomogrammen abgebildeten Partikel erwartungsgemäß unterhalb der Auflösungsgrenze liegen war zunächst eine problemangepasste Kalibriermethode zu entwickeln, die Aussagen über die räumliche Konzentrationsverteilung der Partikel für quantitative Analysen zulässt. Ausgehend von dieser Methodik sollten anschließend einige ausgewählte Parameterkonstellationen in Tiefenfiltrationsexperimenten untersucht werden, um die Funktionalität dieses Verfahrens an realen Problemstellungen zu erproben.

Es konnte gezeigt werden, dass es mit modernen hochauflösenden µCT-Laboranlagen für Modellsysteme mit stark absorbierenden Partikeln möglich ist, Tomogramme eines Modellfilters zu erstellen, in denen alle Komponenten deutlich abgebildet sind.

Dafür waren zunächst eine Reihe überwiegend technischer Aufgaben zu bewältigen. Dies betrifft im Speziellen die Inbetriebnahme und Optimierung der Labortomographieanlage TomoTU, den Aufbau des Filtrationsexperimentes, die Entwicklung einer Rekonstruktionssoftware mit der Implementierung verschiedener Kalibrierverfahren, sowie die Erstellung von Softwaremodulen zur Auswertung der Messungen zum Beispiel für die 3D-Segmentierung von Tomographiedaten.

Ein wesentliches messtechnisches Teilproblem bestand in der Entwicklung eines Quantifizierungsverfahrens für Mehr-Material-Systeme zur Bestimmung der Partikelkonzentration in der Filtrationszelle. Dazu wurden drei verschiedene Bildzerlegungsansätze untersucht, wobei mit Dual-Energie-Verfahren keine akzeptablen Ergebnisse erzielt werden konnten. Als zielführend stellte sich eine iterative Methode heraus, bei der ausgehend von Bildpunkten, die eindeutig und vollständig einem Material zugeordnet werden können, die Bilddaten schrittweise in ihre Konzentrationsanteile zerlegt werden. Bezüglich der Partikelkonzentration konnte dabei eine Genauigkeit von ca. ± 15 % erreicht werden.

Für ein Modellsystem mit einer Glaskugelschüttung als Filterbett und Mo-Partikeln wurden tomographische Untersuchungen für verschiedene Filtrationszeiten durchgeführt. Auf die Tomogramme dieser Messungen wurde das Quantifizierungsverfahren angewendet und radiale sowie axiale Abscheidungsprofile analysiert. In den radialen Profilen zeigt die Porositätsverteilung und dementsprechend auch die Verteilung der Partikelabscheidungen typische Oszillationen in Wandnähe. Diese sind auf Randordnungseffekte der Kugelschüttung zurückzuführen und die Oszillationen in den Abscheidungprofilen bestätigen den Formschluss als vorherrschenden Haftmechanismus der Partikel in den Zwickeln der Kugelschüttung.

Die axialen Profile zeigen neben dem schon von Iwasaki beschriebenen exponentiell abfallenden Verlauf Bereiche der Sättigung, welche auf eine Abhängigkeit des Abscheidungsverhalten von der Partikelgrößenverteilung hindeuten.

In ersten Parametervariationen wurden alternative Partikelsysteme untersucht, mit dem Ziel, die Reproduzierbarkeit der Messungen zu verbessern. Dies konnte mit deutlich kleineren Partikeln aus SnO_2 erreicht werden. Außerdem wurde der Einfluss von Luftblasen näher betrachtet, wobei sich zeigte, dass es an den Phasengrenzen vermehrt zu Partikelabscheidungen kommt. Die Luftblasen verdrängen jedoch zum Teil die Kugeln des Filterbetts und reduzieren somit auch die Anzahl der Zwickel. Der zweite dieser gegenläufigen Effekte dominiert dabei den Gesamtabscheidungsprozess, sodass der Luftblaseneintrag bei diesem Modellsystem zu einer Verringerung des Rückhaltevermögens im Filter führte.

8.2 Ausblick

In anschließenden Arbeiten kann dazu übergegangen werden gezielt weitere Filtrationsparameter zu variieren und deren Einfluss auf das Abscheidungsverhalten zu studieren. Gleichzeitig sollte aber auch eine Weiterentwicklung der Tomographieanlage und des Filtrationsexperiments sowie der Rekonstruktions- und Auswertungssoftware stattfinden um die Qualität der Datengrundlage zu verbessern. Außerdem wird empfohlen, ergänzend zu den experimentellen

Untersuchungen die Durchströmung des Filterbetts mit der Suspension in numerischen Simulationen zu analysieren. Somit gliedern sich die Vorschläge für die weitere Bearbeitung dieses Themas in folgende vier thematische Schwerpunkte, die im Weiteren näher spezifiziert werden:

(1) Variation der Filtationsparameter
(2) Optimierung der experimentellen Aufbauten
(3) Weiterentwicklung der Rekonstruktions- und Auswertungssoftware
(4) Numerische Simulationen

(A) Variation der Filtrationsparameter:

Aufgrund der großen Anzahl der Filtrationsparameter ist es erforderlich, dafür zunächst eine Eingrenzung vorzunehmen, die sich vorzugsweise auf Größen konzentriert, die mit den vorhandenen experimentellen Aufbauten untersucht werden können.

- In einem ersten Schritt sollten die Untersuchungen zum Partikelsystem fortgesetzt werden und Messungen mit den Zinnasche-Partikeln über den gesamten Bereich der Filtrationszelle für verschiedene Filtrationszeiten durchgeführt werden, um so einen neuen Referenzfall zu charakterisieren. Um das Quantifizierungsverfahren auch auf dieses Materialsystem übertragen zu können ist es erforderlich, hierfür geeignete Kalibrierproben für die Grauwertbestimmung der einzelnen Materialien herzustellen.
- Wie sich in der Charakteristik des axialen Abscheidungsprofils gezeigt hat, hat die Filterbettstruktur einen starken Einfluss auf das Abscheidungsverhalten der Partikel im Filter und sollte somit im Weiteren näher betrachtet werden. Durch die gezielte Variation des Verhältnisses von Kugeldurchmesser der Filterbettschüttung zu Partikeldurchmesser können Aussagen darüber getroffen werden, in wieweit dies zu einem frühzeitigen Verstopfen bzw. einem unzureichenden Rückhalt im Filter führt. Als Ergebnis dieser Untersuchungen kann ein optimales Verhältnis d_{Part} / d_{Kol} angegeben werden.
- Ein weiterer bedeutsamer Parameter ist die Filtrationsgeschwindigkeit.

Durch eine Erhöhung des Durchflusses wird sowohl der Antransport der Partikel als auch ein Wiederablösen der Partikel begünstigt. Eine schrittweise Variation der Filtrationsgeschwindigkeit würde diesbezüglich eine Aussage über die Lage des Optimums zwischen diesen Mechanismen ermöglichen.

(B) Optimierung der experimentellen Aufbauten:

Sowohl die Tomographieanlage als auch das Filtrationsexperiment sollten projektbegleitend in künftigen Arbeiten ständige weiterentwickelt werden. Die vordergründigen Ziele dieser Bemühungen sind der Erhalt und Ausbau eines störunanfälligen Messbetriebs, die Erhöhung der realen Auflösung und die Artefaktreduzierung in den Tomogrammen, die Verbesserung des Signal-Rausch-Verhältnisses sowie die Erweiterung des Messbereichs und die Erfassung zusätzlicher Messgrößen. In Bezug auf die Tomographieanlage TomoTU werden folgende Maßnahmen vorgeschlagen:

- In Vorversuchen war zu beobachten, dass die Offsetwerte in den Dunkelbildern nach dem Einschalten der kalten Tomographieanlage während der ersten 20 bis 30 Minuten deutlichen zeitlichen Schwankungen unterliegen. Bisher wurde darauf reagiert, indem den Messungen eine dementsprechend lange Aufwärmphase, in der willkürlich Bilder aufgenommen wurden, vorangestellt wurde. Eine wesentlich elegantere und präzisere Lösung dieses Problems könnte darin bestehen, dynamisch in Abständen von einigen Minuten Dunkelbilder aufzunehmen. Um ein ständiges Ein- und Ausschalten der Röhre dabei zu vermeiden, kann stattdessen eine Strahlungsabschirmung zwischen Röhre und Probe geschwenkt werden. Somit entfällt nicht nur die Aufwärmphase, sondern es ist auch eine wesentlich genauere Offsetkorrektur möglich, was eine Reduzierung der Ringartefakte erwarten lässt.
- In dem Bestand der Professur befinden sich zwei CCD-Kameras PCO2000 und PCO4000, die, verglichen mit dem Flat-Pannel-Detektor kürzere Belichtungszeiten im Fall der PCO2000 oder eine höhere Auflösung mit der PCO4000 erlauben. Die Installation einer neuen Detektorbaugruppe, bei der

diese Kameras in Kombination mit einem Szintillationsschirm verwendet werden, ermöglicht wahlweise eine Verkürzung der Scannzeit oder die Erhöhung der Auflösung.

- Um die tatsächlich erreichbaren Auflösungen in den Absorptionsbildern bzw. den Projektionen als reale Detailerkennbarkeit in die 3D-Bilder nach der Rekonstruktion zu übertragen, ist es notwendig, die Winkelschrittweite in den Tomographie-Scans zu verringern. Für ein optimales Rekonstruktionsergebnis ist die erforderliche Anzahl der Projektionen als Produkt der Objektbreite in Pixeln mit $\pi/2$ [Buzug2005, Gaillard2007] definiert. Dies ist mit der aktuellen Ausstattung nicht realisierbar, weshalb die Anschaffung einer präziseren Schrittmotorsteuerung empfohlen wird.
- Auch sollte ein ebenfalls vorhandener z-Hubtisch installiert werden, wodurch eine präzisere Justage und die Erhöhung des Automatisierungsgrades ermöglicht werden. Aufgrund der räumlichen Begebenheiten erfordert dies Umbauarbeiten am Gestell der Röntgenröhre, weshalb diese Erweiterung im Zuge der nächsten Strahlenschutzabnahme stattfinden sollte.

Für das Filtrationsexperiment werden folgende Optimierungen vorgeschlagen:

- Eine erste wesentliche Veränderung, die an der Filtrationszelle vorgenommen werden sollte, ist die konstruktive Umgestaltung des Einlaufbereichs. Wie sich in der Analyse des axialen Abscheidungsprofils gezeigt hat, sind unmittelbar nach dem Filtereintritt die Abscheidungsgradienten am größten, weshalb Messungen ab einer Filterbetttiefe von 0 mm auch präzisere Aussagen über den Profilverlauf zulassen. Dazu ist es erforderlich den Aufbau der Zelle dahingehend zu verändern, dass die zylindrische Form bis hin zu dem oberen Sieb beibehalten wird.
- Um den Einfluss der Sedimentation bei der Zuführung der Suspension weiter zu verringern, sollten durch konstruktive Maßnahmen die Schlauchlängen weiter verkürzt und Absätze sowie Kanten an den Anschlüssen weiter reduziert werden.
- Für eine Korrelation der gemessenen Partikelabscheidungen mit dem daraus resultierenden Gesamtdruckverlust über der Filtrationszelle, ist es

erforderlich das Experiment um Präzisionsdrucksensoren zu erweitern. Eine konstruktive Herausforderung im Rahmen dieser Erweiterung besteht darin, die Anschlüsse der Drucksensoren so zu gestalten, dass sich diese einerseits nah an der Zelle befinden, andererseits aber nicht während der Messung in das Messfeld der Tomographieanlage gedreht werden.

(C) Weiterentwicklung der Rekonstruktions- und Auswertungssoftware:

- Neben der Strahlaufhärtung zählen die Ringartefakte zu den systematischen Bildfehlern, die die Tomographiemessungen besonders stark beeinträchtigen. Ausgehend von einer Literaturrecherche sollten deshalb vielversprechende Pre- und Post-Processing-Verfahren zur Reduzierung von Ringartefakten umgesetzt und bewertet werden. Basierend auf diesen Erkenntnissen über Wirksamkeit und Nachteile solcher rein softwaretechnischen Lösungen, kann dann beurteilt werden, ob die wesentlich aufwendigere Alternative, die im Verfahren des Detektors zwischen den Einzelbildaufnahmen besteht, den damit verbundenen Aufwand rechtfertigt.
- Es konnte eine erhebliche Beschleunigung der Rekonstruktion durch parallelisiertes Rechnen auf GPUs erreicht werden. In der Weiterführung der Softwareentwicklung sollte diese Reduzierung der Rechenzeit dahingehend genutzt werden, rechenintensivere algebraische Rekonstruktionsalgorithmen in der hauseigenen Software zu implementieren. Diese liefern zum einen die direkte Verteilung des mittleren Schwächungskoeffizienten und machen somit eine zusätzliche Grauwertanpassung überflüssig. Zum anderen versprechen solche Rekonstruktionsverfahren auch ein günstigeres Signal-Rausch-Verhältnis sowie hinreichend detaillierte Tomogramme aus Datensätzen mit reduziertem Scanwinkel.
- Das aktuelle Programm, in dem das Zerlegungsverfahren aus Abschnitt 7.1.3 umgesetzt ist, ist in seiner jetzigen Form funktionsorientiert, jedoch kaum parallelisiert oder optimiert. Die Rechenzeiten von ca. 2-3 Stunden für 10^9 Bildpunkte sind durchaus akzeptabel, jedoch ist der Speicherbedarf mit der 8fachen Datensatzgröße in 32 bit relativ hoch. Dies stellt ein Hindernis für einen breiteren Einsatz auch in anderen Projekten dar. Das

Ziel der Weiterentwicklung dieser Software sollte deshalb zunächst die Reduzierung des Speicherbedarfs sein.

(D) numerische Simulationen:

In mehreren Kooperationen innerhalb des Graduiertenkollegs wurden aus Tomogrammen von Glasfritten mit Open-Source-Software Oberflächenmodelle für Strömungssimulationen erstellt. Mit *Paraview* wurde auf Grundlage einer Schwellwertvorgabe zunächst ein sehr feinmaschiges Triangulationsnetz generiert und *Meshlab* wurde zur Korrektur von Vermaschungsfehlern sowie zur Vereinfachung der Netzgeometrie verwendet. Dies ist ohne Weiteres auch für das Filterbett des Filtrationsexperiments möglich, woraus sich die Option ergibt, die Durchströmung mit einer Suspension und die dabei auftretenden Abscheidungsprozesse für eine identische Filterbettstruktur sowohl zu simulieren als auch experimentell zu untersuchen. Der Ausschnitt eines solchen Oberflächenmodells ist beispielhaft in Abb. 8.1 gezeigt.

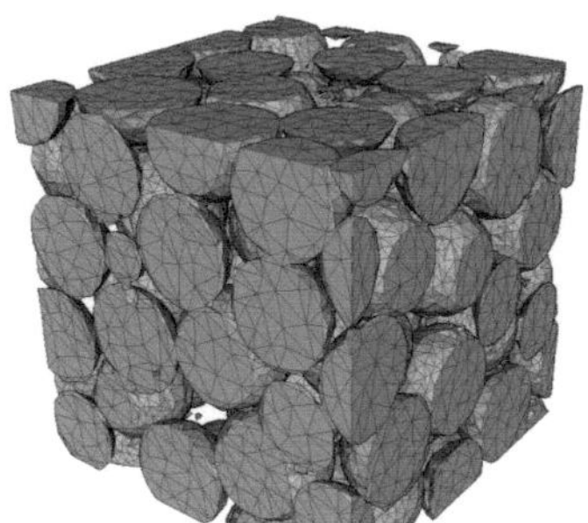

Abb. 8.1: Ausschnitt eines Oberflächenmodells der Filterbettschüttung von 500x500x500 µm aus Glaskugeln mit einem mittleren Durchmesser von 134 µm

Durch eine Anpassung der Bilanzierungsparameter, die den Simulationen zugrunde gelegt werden, könnte eine Übereinstimmung von numerischen und experimentellen Daten angestrebt werden, was wiederum Rückschlüsse auf die lokal wirkenden Kräfte und Mechanismen zulässt und der Validierung der Simulation dient. Es wird deshalb angeregt, diese Möglichkeit in der weiteren Bearbeitung dieses Themas in Form von assoziierten Projekten zu nutzen.

Literaturverzeichnis

[Abouelwafa1980] Abouelwafa M.S.A. and Kendall E.J.M.; The measurement of component ratios in multiphase systems using γ-ray attenuationt; J. Phys. E: Sci. Instrum. 13 (1980) 341-345

[Adou2007] Adou Y.A.F., Muhandiki V.S., Shimizu Y., et al.; Experimental and Modeling Investigations of Wastewater Filtration; Desalination 202 (2007) 182–190

[Al-Abduwani2005] Al-Abduwani F.A.H., Farajzadeh R., et al.; Filtration of micron-sized particles in granular media revealed by X-ray computed tomography; Review Of Scientific Instruments 76 (10) (2005) 103704

[Alvarez1976] Alvarez R.E. and Macovski A.; Energy-selective Reconstructions in X-ray Computerized Tomography; Phys. Med. Biol. 21 (5) (1976) 733-744

[Andersen1984] Andersen A.H. and Kak A.C.; Simultaneous Algebraic Reconstruction Technique (SART): a Superior Implementation of the ART Algorithm; Ultrasonic Imaging 6 (1984) 81-94

[Attix2004] Attix F.H.; Introduction to Radiological Physics and Radiation Dosimetry; Wiley-VCH; Weinheim 2008

[Behling2008] Behling M.; Messen der lokalen Phasenanteile in dreiphasige betriebenen Blasensäulen mit Hilfe der Dual-Energie Röntgentomographie; Dissertation; Universität Hannover; 2008

[Beucher1979] Beucher S. and Lantuéjoul Ch.; Use of Watersheds in Contour Detection; International Workshop on Image Processing: Real-time Edge and Motion Detection / Estimation; Rennes, France (1979)

[Boek2012] Boek E.S., Hall C. and Tardy P.M.J.; Deep Bed Filtration Modelling of Formation Damage Due to Particulate Invasion from Drilling Fluids; Transp. Porous Med. 91 (2012) 479-508

[Bracwell1956] Bracwell R.N.; Strip Integration in Radio Astronomy; J. Phys. 9 (1956) 198-217

[Brenner2005] Brenner A., Shandalov S., Messalem R., et al.; Wastewater Reclamation for Agricultural Reuse in Israel: Trends and Experimental Results; Water Air and Soil Pollution 123 (2005) 167-182

[Brunke2005] Brunke O., Odenbach S. and Beckmann F.; Quantitative Methods for the Analysis of Synchrotron-µCT Datasets of Metallic Foams; Europ. Phys. Journ. 29 (1) (2005) 73-81

[Burger2006] Burger W. und Burge M.J.; Digitale Bildverarbeitung - eine Einführung mit Java und ImageJ; 2. Auflage; Springer 2006

[Buzug2005] Buzug T.M.; Einführung in die Computertomographie – Mathematisch-physikalische Grundlagen der Bildrekonstruktion; 1. Nachdruck; Springer 2005

[Cardinal1990] Cardinal H.N. and Fenster A.; An Accurate Method for Direct Dual-Energy Calibration and Decomposition; Medical Physics 17 (3) (1990) 327-341

[Carlesso2013] Carlesso M., Giacomelli R., Günter S., Koch D., Kroll S., Odenbach S. and Rezwan K.; Near-net-shaped Porous Ceramics for Potential Sound Absorption Applications at High Temperatures; J. Amer. Cer. Soc. 96 (3) (2013) 710-718

[Carman1937] Carman P.C.; Fluid flow through granular beds; Trans. Inst. Chem. Eng. 15 (1937) 150-166

[Chen2009] Chen C., Lau B.L.T., Gaillard J.-F., et al.; Temporal evolution of pore geometry, fluid flow, and solute transport resulting from colloid deposition; Water Resources Research 45 (2009) W06416

[Chesler1971] Chesler D.A.; Three-dimensional activity distribution from multiple positron scintigraphs; Journal of Nuclear Medicine (12) (1971) 347-348

[Chupin2008] Chupin O., Saiyouri N. and Hicher P.Y.; The effects of filtration on the injection of cement-based grouts in sand columns; Transp. Porous Med. 72 (2008) 227–240

[Derjanguin1941] Derjaguin B.V. and Landau L.D.; Theory of the Stability of Strongly Charged Lyophobic Sols and the Adhesion of Strongly Charged Particles in Solutions of Electrolytes; Acta Physicochimica (UdSSR) 14 (1941) 633–662

[DIP2013] Ginkel M.v., et al.; The Delft Image Processing Library; www.diplib.org

[Donath2004] Donath T., Beckmann F., Heijkants R.G.J.C., Brunke O. and Schreyer A.; Characterization of polyurethane scaffolds using synchrotron radiation based computed microtomography; Proc. of SPIE 5535 (2004) 775-782

[Donath2006] Donath T., Beckmann F. and Schreyer A.; Automated determination of the center of rotation in tomography data; J. Opt. Soc. Am. A 23 (5) (2006) 1048-1057

[Duda1973] Duda R. and Hart P.E.; Pattern Classification and Scene Analysis; Willey; New York 1973

[Engler1990] Engler P. and Friedman W.D.; Review of Dual-Energy Computed Tomography Techniques; Material Evaluations 48 (1990) 623-629

[Falta2010] Falta J. und Möller T.; Forschung mit Synchrotronstrahlung – Eine Einführung in die Grundlagen und Anwendungen; 1. Auflage; Vieweg + Teubner Verlag 2010

[Feldkamp1984] Feldkamp L.A., Davis L.C. and Kress J.W.; Practial Cone Beam Algorithm; J. Opt. Soc. Am. A. 1 (6) (1984) 612-619

[Fu2006] Fu X., Dutt M., Bentham A.C., Hancock B.C., Cameron R.E. and Elliott J.A.; Investigation of particle packing in model pharmaceutical powders using X-ray microtomography and discrete element method; Powder Technology 167 (2006) 134–140

[Furetta2009] Furetta C.; Handbook of Thermoluminescence; 2nd Edition; World Scientific Pub. Co. Inc. 2009

[Gao2010] Gao H., Qiu C.Q., Fan D., et al.; Three-dimensional microscale flow simulation and colloid transport modeling in saturated soil porous media; Computers and Mathematics with Applications 59 (2010) 2271-2289

[Gaillard2007] Gaillard J.-F., Chen C., Stonedahl S.H., et al.; Imaging of colloidal deposits in granular porous media by X-ray difference micro-tomography; Geophysical Research Letters 34 (2007) L18404

[Gasper2004] Gasper H.; Projektierung und Optimierung von Fest/Flüssig-Filtrationssystemen; Chemie-Ingenieur-Technik 76 (6) (2004) 746-750

[GE2015] GE Inspection Technologies

[Giese1998] Giese M., Rottschafer K. and Vortmeyer D.; Measured and Modeled Superficial Flow Profiles in Packed Beds with Liquid Flow; AIChE Journal 44 (2) (1998) 484-490

[Goodling1983] Goodling J.S., Vachon R.I., Stelpflug W.S., et al.; Radial porosity distribution in cylindrical beds packed with spheres; Powder Technol. 35 (1983) 23–29

[Gordon1979] Gordon R., Bender R. and Herman G.T.; Algebraic Reconstruction Techniques (ART) for Three-dimensional Electron Microscopy and X-ray Photography; J. theor. Biol. 29 (1979) 471-481

[Gullberg1986] Gullberg G.T., Crawford C.R., Tsui B.M.W.; Reconstruction Algorithm for Fan Beam with a displaced Center of Rotation; IEEE Transactions on Medical Imaging 5 (1) (1986) 23-29

[Han2009] Han S.J., Fitzpatrick C.S.B. and Wetherill A.; Simulation on combined rapid gravity filtration and backwash models; Water Science and Technology 60 (5) (2009) 1361-1368

[Heiland2014] Heiland M.; Transportprozesse in porösen Medien am Beispiel der Tiefenfiltration; Dissertation; Universität Bremen; Fortschrittsberichte VDI Nr. 941; 2014

[Herman1979] Herman G.T.; Correction for Beam Hardening in Computed Tomography; Phys. Med. Biol. 24 (1) (1979) 81-106

[Hounsfield1973] Hounsfield G.N.; Computerized transverse axial scanning (tomography): Part I. description of system; British Journal of Radiology 46 (1973) 1016-1022

[Hubbel1982] Hubbel J.H.; Photon Mass Attenuation and Energy-absorption Coefficients from 1 keV to 20 MeV; Int. J. Appl. Radiat. Isot. 33 (1982) 1269-1290

[ImageJ2013] ImageJ – Image Processing and Analysis in Java; rsb.info.nih.gov/ij/

[Ives1970] Ives K.J.; Rapid Filtration; Water Research Pergamon Press 4 (1970) 201-223

[Ives1973] Ives K.J.; The scientific basis of filtration; Proceedings of the NATO Advanced Study Institute held at Cambridge, U.K. (1973)

[Iwasaki1937] Iwasaki T.; Some Notes on Sand Filtration; J. Am. Water Works Assoc. 29 (1937) 1591–1597

[Johnson2010] Johnson W.P., Pazmino E. and Ma H.L.; Direct observations of colloid retention in granular media in the presence of energy barriers, and implications for inferred mechanisms from indirect observations; Water Research 44 (4) (2010) 1158-1169

[Kalender2006] Kalender W.A.; Computertomographie – Grundlagen, Gerätetechnologie, Bildqualität, Anwendungen; 2. Auflage; Publicis Corporate Publishing; Erlangen 2006

[Kalender1987] Kalender W., Bautz W., Felsenberg D., et al.; Materialselektive Bildgebung und Dichtemessung mit der Zwei-Spektren-Methode – I. Grundlagen und Methodik; Digit. Bilddiagn. 7 (1987) 66-72

[Kampel2011] Kampel G. and Goldsztein G.H.; Transport of non-brownian Particles in porous Media; SIAM J. Appl. Math. 71 (2011) 773-790

[Kasperl2005] Kasperl S.; Qualitätsverbesserungen durch referenzfreie Artefaktreduzierung und Oberflächennormierung in der industriellen 3D-Computertomographie; Dissertation; Friedrich-Alexander-Universität Erlangen-Nürnberg; 2005

[Kretzschmar1997] Kretzschmar R., Barmettler K. and Grolimund D.; Experimental determination of colloid deposition rates and collision efficiencies in natural porous media; Water Resources Research 33 (5) (1997) 1129-1137

[Krumm2008] Krumm M., Kasperl S. and Franz M.; Reducing non-linear artefacts of multi-material objekts in industrial 3D computed tomography; NDT&E International 41 (2008) 242–251

[Lei1988] Lei F. und Trziani H.J.; Untersuchung der Störanfälligkeit von Meßverfahren zur Bestimmung der MTF aus der Kantenbildanalyse; Bildmessung und Luftbildwesen 56 (1988) 167-168, 173-183

[Li2006] Li X., Lin C.L., Miller J.D., et al.; Pore-scale observation of microsphere deposition at grain-to-grain contacts over assemblage-scale porous media domains using X-ray microtomography; Env. S. & T. 40 (2006) 3762-3768

[Luckert2004] Luckert K.; Handbuch der mechanischen Fest-Flüssig-Trennung; 1. Auflage; Vulkan-Verlag; Essen 2004

[Pfützner2015] Pfützner M.; Influence of airbubbles on the filtration efficiency of packed bed filters; Großer Beleg; TU Dresden; 2015

[Radon1917] Radon J.; Über die Bestimmung von Funktionen durch ihre Integralwerte längs gewisser Mannigfaltigkeiten; Bericht über die Verhandlung der königlich sächsischen Akademie der Wissenschaften zu Leipzig, mathematisch-physikalische Klasse Band 69 (1917) 262-277

[Rahn2011] Rahn H.; Semi-quantitative röntgentomographische Untersuchungen zur Biodistribution von magnetischen Nanopartikeln in biologischem Gewebe; Dissertation; TU Dresden; 2011

[Rahn2014] Rahn H., Alexiou C., Trahms L. and Odenbach S.; 3-Dimensional quantitative detection of nanoparticle content in biological tissue samples after local cancer treatment; Journal of Magnetism and Magnetic Materials 360 (2014) 92–97

[Ramachandran1971] Ramachandran G.M. and Lakshminarayanan A.V.; Three-Dimensional Reconstruction from Radiographs and Electron Micrographs; Proc. Acad. Sci. USA 68 (1971) 2236-2240

[Reimann2005] Reimann J., Pieritz R.A., di Michiel M. and Ferrero C.; Inner structures of compressed pebble beds determined by X-ray tomography; Fusion Engineering and Design 75–79 (2005) 1049–1053

[Sator2006] Sator M.; Untersuchungen zum Einfluss elektrokinetischer Repulsationseffekte auf die Tiefenfiltration mit partikulären Schüttbetten; Dissertation; Universität des Saarlandes; 2006

[Schubert2003] Schubert H.; Handbuch der mechanischen Verfahrenstechnik; 1. Auflage; Wiley-VCH Verlag GmbH & Co. KGaA; Weinheim 2003

[Schümann2014] Schümann M., Günther S. and Odenbach S.; The effect of magnetic particles on pore size distribution in soft polyurethane foams; Smart Mater. Struct. 23 (2014) 075011

[Scott1962] Scott G.D.; Radial Distribution of the Random Close Packing of Equal Spheres; Nature 194 (1962) 957–958

[Sederman2001] Sederman A.J., Alexander P. and Gladden L.F.; Structure of packed beds probed by Magnetic Resonance Imaging; Powder Technology 117 (2001) 255–269

[Shepard1968] Shepard D.; A two-dimensional interpolation function for irregularly-spaced data; Proceedings of the 1968 ACM National Conference (1968) 517–524

[Shannon1949] Shannon C.E.; Communication in the Presence of Noise ; Proc. IRE 37 (1) 10-21

[Shepp1974] Shepp L.A. and Logan B.F.; The Fourier Reconstruction of a Head Section; IEEE Transaction on Nuclear Science NS-21 (1974) 21-43

[Stern1924] Stern O.; Zur Theorie der elektrolytischen Doppelschicht; Zeitschrift für Elektrochemie und angewandte physikalische Chemie 30 (1924) 508–516

[Stieß1994] Stieß M.; Mechanische Verfahrenstechnik 2; Springer; Berlin Heidelberg 1994

[Stieß2009] Stieß M.; Mechanische Verfahrenstechnik – Partikeltechnologie 1; 3. Auflage; Springer; Berlin Heidelberg 2009

[Stolzmann2011] Stolzmann P. und Götti R.; Dual-Energy-CT, in „Wie funktioniert CT?"; Springer; Berlin Heidelberg 2011

[Toit2008] Toit C.G. du; Radial variation in porosity in annular packed beds; Nuclear Engineering and Design 238 (2008) 3073-3079

[Tufenkji 2004] Tufenkji N. and Elimelech M.; Deviation from the Classical Colloid Filtration Theory in the Presence of Repulsive DLVO Interactions; Langmuir 20 (25) (2004) 10818-10828

[VGS2013] Volume Graphics ; www.volumegraphics.de

[Waske2010] Waske A., Heiland M., Beckmann F., et al.; Absorption Edge X-Ray Tomography for the Analysis of Particle Deposition in Packed Bed Filters; Porous Media and Its Applications in Science, Engineering and Industry 1254 (2010) 187-192

[Waske2011] Waske A.; Kolloidabscheidungen im Tiefenfilter - Untersuchungen mit Röntgentomographie; Dissertation; TU Dresden; 2011

[Wissen2010] Wissen Media Verlag GmbH; Gütersloh München 2010

[Yang2003] Yang W.Q. and Peng L.H.; Image reconstruction algorithms for electrical capacitance tomography; Meas. Sci. Technol. 14 (2003) R1–R13

[Yoon2006] Yoon J.S., Germaine J.T. and Culligan P.J.; Visualization of particle behavior within a porous medium: Mechanisms for particle filtration and retardation during downward transport; Water Resources Research 42 (2006) W06417

[Zogg1993] Zogg M.; Einführung in die mechanische Verfahrenstechnik; 3. Auflage; Teubner; Stuttgart 1993

Abbildungsverzeichnis

Tabellenverzeichnis

Stefan Günther wurde 1979 in Dresden geboren und schloss auch dort 2006 sein Maschinenbaustudium an der Technischen Universität ab. Nach einer längeren Phase in der Industrie, wobei er sich schwerpunktmäßig mit Verpackungstechnik und Sondermaschinenbau beschäftigte, kehrte er 2010 an seine Alma Mater zurück und ist dort seitdem als wissenschaftlicher Mitarbeiter am Institut für Strömungsmechanik tätig. Neben der Lehre liegen seine Hauptbetätigungsfelder in den Bereichen tomographische Messtechnik und digitale Bildverarbeitung. 2015 schloss er seine Promotion erfolgreich ab und ist seitdem weiterhin als Postdoc in Forschung und Lehre aktiv.